暖心羊毛毡小动物和小饰品制作

享受拥有羊毛毡的生活

〔日〕作田优子 著

边冬梅 译

河南科学技术出版社

·郑州·

让自己的作品融入美好的空间里。
作田优子的作品，
就是以此想法为出发点开始制作的。
沉浸在生活中，
制作羊毛毡作品的瞬间让我们得到释放。

与2017年出版的《用羊毛毡制作的暖暖的动物和家庭咖啡屋》中的作品相比，
本次完成了更为逼真的动物。
对每一只动物表情的打造，再现了它们打动人心的动作。

希望作品能够让人感受到体温一样饱含暖意，
使您的家成为更加惬意的空间。

yucoco cafe　作田优子

目 录

ANIMALS 与动物们一起随性生活。

4

GOODS 与手工制作的小物件一起度过温馨的小时光。

BROOCH

饰针

MAGNET

冰箱贴

HOW TO MAKE 这里介绍作品的制作方法。

ANIMALS

与动物们一起随性生活。

MASCOT

吉祥物

毛茸茸的小羊驼非常可爱。
通过刺入特殊的棉来表现羊驼的毛。

ALPACA
羊驼
制作方法…p.41

憨态可掬的考拉妈妈和宝宝。
制作时可将考拉宝宝粘贴在自己喜欢的位置。

KOALA
考拉
制作方法···p.44

这两只黑白杂色刺猬，脊背上的刺用布制作，腹部软软的毛使用羊毛制作。

HEDGEHOG
刺猬
制作方法…p.47

从山野里跑来的雄鹿。漂亮的鹿角，是将黏合剂抹到钢丝上再卷上羊毛制作而成的。

DEER
鹿
制作方法…p.50

白熊母子在悠闲散步的样子。
因为作品较大，所以制作时一定要戳刺结实哟！

14

POLAR BEAR
白熊
制作方法…p.53

色彩鲜艳的三只小鸟。
我想把它们装点在房间的窗户边儿上！

LONG-TAILED TIT | TARSIGER CYANURUS | COCKATIEL

带条纹的长尾山雀 | 红胁蓝尾鸲 | 澳洲鹦鹉

制作方法…p.57 | 制作方法…p.58 | 制作方法…p.60

SLEEPING MASCOT

酣睡中的吉祥物

睡得很香的狮子，还有文鸟和柴犬。一起度过一个悠闲的下午吧！

19

20

站着睡觉的企鹅兄弟。
大家睡相不同，却都非常可爱。

PENGUIN
企鹅
制作方法…p.69

盛夏的午后与水獭一起睡个午觉。小小的爪子，是用黏合剂将羊毛黏合制作而成的。

22

OTTER
水獭
制作方法…p.70

GOODS

与手工制作的小物件一起度过温馨的小时光。

PEN COVER

笔套

无论何时何地，这些可爱的笔套都能够送上温暖之情。

无论在家里，还是在工作场所，抑或在学校，

还差一点就能摘到苹果的熊猫，正在晒太阳的狐狸。日常的盆栽，也成了植物和动物和睦相处的室内风景。

GARDEN COVER

花盆套

PANDA
熊猫
制作方法…p.76

FOX
狐狸
制作方法…p.76

28

FABRIC PANEL

布艺展示板

29

TRAY

小托盘

30

DOLPHIN	SEAL	SEA OTTER
海豚	海豹	海獭
制作方法…p.82	制作方法…p.82	制作方法…p.82

BROOCH

饰针

32

SOCKS	KNIT CAP	COFFEE CUP
袜子	针织帽	咖啡杯
制作方法…p.86	制作方法…p.86	制作方法…p.86

MAGNET

冰箱贴

冰箱上也好，盒子上也好，可以用带有磁铁的可爱造型将重要的信息固定上去。

HOW TO MAKE

这里介绍作品的制作方法。

MATERIALS

材 料

A 针刺棉
用于制作吉祥物的主体。

B 有机棉
用于填充毛绒玩具的棉花。在本书中用于羊驼的毛。

C 硬羊毛
这是一种颜色丰富的毛。

D 混合羊毛
将4~5种颜色的羊毛混合到一起，制作而成的深色调的羊毛。

E 自然混合、蜡笔色调的羊毛
将4~5种颜色的羊毛混合到一起，制作而成的蜡笔色调的羊毛。

F 自然混合羊毛
天然色彩、自然混合的羊毛。

G 薄毛毡布
用于花盆套。

H 亚麻布
用于包裹垫板。

I 刺猬用布料
德国碎马海毛中毛长1cm型的。

J 磁铁
制作某些作品时使用。

K 插入式眼睛
作为动物的眼睛，本书中使用直径2~4mm的。

L 别针
用于饰针的制作。

M 圆珠笔
用于制作笔套。最好是不带笔夹的类型。

N 25号刺绣线
6股彩色刺绣线。用于饰针作品的部分制作环节。

O 定型材料
用于制作鹿的基础框架。

P 缝纫机线（透明）
用于制作动物的胡须。

Q 花朵用钢丝
用于动物的尾巴。也可以用其他金属丝代替。

TOOLS
工具

a 毡化戳针 1头针
用于戳刺眼睛等小部件时比较方便。

b 毡化戳针 3头针
使用3根针头可以快速完成作品。可以调整针头数，使用2根针头也可以。

c 毡化戳针 5头针
使用5根针头一次可以毡化更大的面积。可用于制作小托盘等。

d 毡化戳针用刷子形垫板
因为是刷子形状，所以阻力小，可以很顺畅地进行操作。主要用于展示板等平面作品。

e 毡化戳针用海绵垫
这是一种即使把针戳上去也不容易注陷的海绵状垫子。操作中主要使用这种垫子。

f 毡化戳针备用针（可以替换使用的针）
·常规戳针
标准型号的针。操作中主要使用这种针。
·粗针
有一定粗细度的针。作品上需要做出凹坑的时候使用。
·抛光针
用于修正表面，或完成作品的收尾工作。也适用于制作作品上的细小图案。

g 手缝线
用于缝纫布料，或缝合作品部件。

h 手缝针
用于缝纫布料，或缝合作品部件。

i 手工用黏合剂
用于固定插入式眼睛等。

j 锥子
安装眼睛等部件的时候，用于在作品上打眼。

k 油性笔（黑色/极细型）
用于画记号，或给胡须染色。

l 手工用剪刀
用于修剪羊毛。

m 平嘴钳
用于使钢丝弯曲或剪断钢丝。

素材提供/羊毛：浜中株式会社　工具：三叶草株式会社

BASIC TECHNIQUE
基本技法

● 用针刺棉制作主体

① 准备针刺棉（1g）。

② 归拢针刺棉，用手捏紧，用常规戳针（2头针）戳刺。为了避免戳针弯曲，要从戳刺方向的同一方向拔针。

③ 为使之成为正圆形，一边旋转一边全面戳刺。深深地从中心部位戳刺牢固。

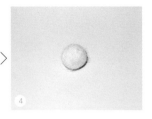

④ 大约戳刺600次，就能戳刺到主体的理想硬度。用抛光针（3头针）将表面戳刺光滑，就能够做得更加漂亮。

● 用羊毛着色

① 将羊毛弄成薄片，整理毛的方向。

② 卷到用针刺棉做的主体上。

③ 用抛光针（3头针）浅浅地戳刺。戳刺到羊毛整体分布均匀为止。

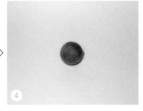

④ 戳刺到羊毛没有竖起来的，就算完成了。

● 给小部件加入颜色

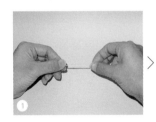

① 取少量羊毛捻细，使之勒紧手指会更容易捻。

② 用常规戳针（1头针）戳刺。很细小的部件使用抛光针更容易完成。

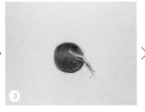

③ 这是加入颜色的地方。不要勉强戳刺，用剪刀剪去多余部分。

④ 这是用剪刀剪过的地方。根据这个要领，给脸部部件等狭窄的部分加入颜色。

● 使羊毛的颜色混合到一起

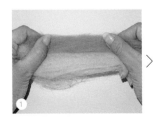

① 将2种颜色的羊毛并列起来。

② 用手指一起撕开。

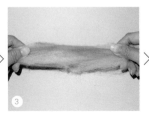

③ 将撕开的羊毛重叠在一起，再撕一次。

④ 重复几次，直到颜色混合均匀之后才算完成。

ALPACA
羊驼　　p.8

MATERIALS 材料

主体	针刺棉 原白色（310）
羊毛	硬羊毛 白色（1）、黑色（9）
	自然混合羊毛 深灰色（806）
其他	有机棉
	插入式眼睛（直径3mm）

TOOLS 工具

毡化戳针 1头针、3头针
毡化戳针 备用针＜常规戳针＞、
　　＜抛光针＞
毡化戳针用海绵垫
油性笔（黑色/极细型）
锥子
手工用剪刀
手工用黏合剂

● 制作头　　※本书作品各部位的制作步骤中可能包含了其他相关部分的制作，请注意

● 制作眼睛

   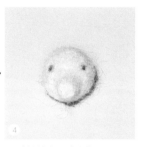

用常规戳针（2头针），以纸样为参考用针刺棉（1g）做成头的形状。

用针刺棉（0.2g）制作鼻子（请参照纸样）。

把头和鼻子连接到一起。

用油性笔在眼睛的位置画上记号。

● 制作眼睑

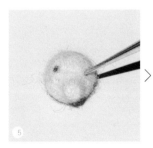  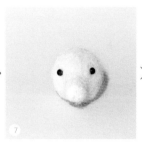 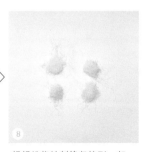

用锥子在记号处扎2个眼儿。

将手工用黏合剂抹到直径3mm的插入式眼睛上。

将眼睛插入扎好的眼儿中。

轻轻地将针刺棉归拢到一起，制作4个小棉球。

● 眼睑的制作方法（左眼上部）

PATTERN 与实物等大的纸样

插入式眼睛

①将轻轻归拢到一起的针刺棉球放在眼睛的上面。

②用常规戳针（1头针）戳刺眼睛上部（画着斜线的部分）。

③为使眼睑翻起，也要从下面戳刺。

④将针刺棉全部牢牢地戳刺到眼睛的上部。

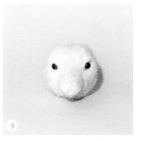

左眼下部和右眼也采取同样的方法加上眼睑。

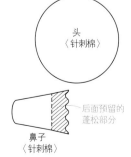

头
〈针刺棉〉

后面预留的蓬松部分

鼻子
〈针刺棉〉

41

● 给脸部着色

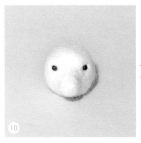

⑩ 用抛光针（3头针）将白色羊毛戳遍全脸。

⑪ 用常规戳针（2头针）将白色羊毛戳刺成下巴（请参照纸样），并安在鼻子的下面。

⑫ 用常规戳针（1头针）按照右图中的序号着色。将黑色羊毛戳刺到插入式眼睛的周围（眼线）。

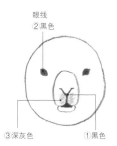

眼线
②黑色

③深灰色   ①黑色

● 制作身体

⑬ 给脸部着色后的样子。

⑭ 用常规戳针（2头针）将针刺棉（8g）戳刺成身体（请参照纸样）。

⑮ 将2团针刺棉（各1g）分别轻轻地归拢到一起，安在屁股的两侧，使其看起来肌肉丰满（请参照纸样）。

⑯ 用针刺棉（2g）做出颈（请参照纸样）。

42

⑰ 将颈部和头连接起来。

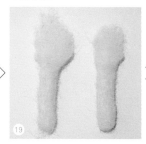

⑱ 将头颈部和身体连接起来。

● 制作腿

⑲ 将2团针刺棉（各0.6g）做成腿（请参照纸样）。

⑳ 将腿安装到身体上。

㉑ 从侧面看到的样子。

㉒ 将有机棉薄薄地铺开，用常规戳针（1头针）从眼睛周围轻轻地戳刺全身。

㉓ 从侧面看到的样子。

● 制作耳朵

㉔ 用常规戳针（2头针）将白色羊毛戳刺成耳朵（请参照纸样）。

● 制作尾巴

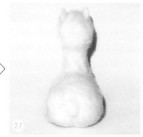

将耳朵安装到头上。

用白色羊毛做成尾巴（请参照纸样）。

将尾巴安装到屁股上。

PATTERN 与实物等大的纸样

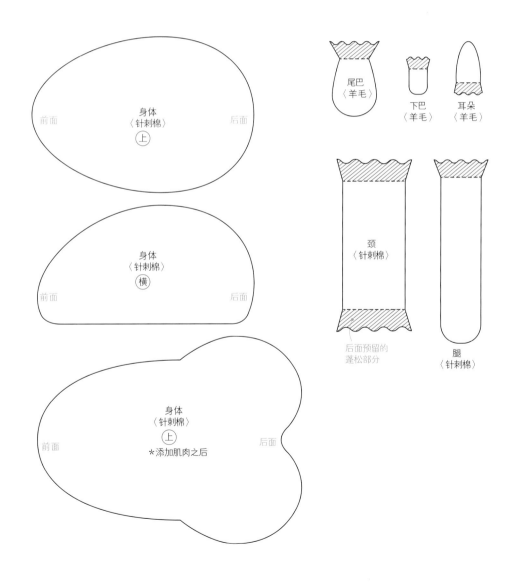

身体
〈针刺棉〉
（上）

身体
〈针刺棉〉
（横）

身体
〈针刺棉〉
（上）
＊添加肌肉之后

前面　后面

尾巴
〈羊毛〉

下巴
〈羊毛〉

耳朵
〈羊毛〉

颈
〈针刺棉〉

后面预留的
蓬松部分

腿
〈针刺棉〉

KOALA

考拉 p.9

MATERIALS 材料

主体	针刺棉 原白色（310）
羊毛	硬羊毛 白色（1）、黑色（9）、浅粉色（36）
	自然混合羊毛 灰色（805）、深灰色（806）
其他	插入式眼睛（直径3mm、2mm）

TOOLS 工具

毡化戳针 1头针、3头针
毡化戳针 备用针<常规戳针>、
　<抛光针>
毡化戳针用海绵垫
油性笔（黑色/极细型）
锥子
手工用剪刀
手工用黏合剂

● 制作<考拉妈妈>的头

  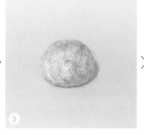 

用常规戳针（2头针），以纸样为参考用针刺棉（1.5g）做成头的形状。

用抛光针（3头针）将灰色羊毛戳刺到整个头部。

用常规戳针（2头针）将灰色羊毛（0.2g）做成鼻子（请参照纸样），并将鼻子安装到脸上。

用常规戳针（1头针）将黑色羊毛戳刺到鼻子上。

44

● 制作眼睛和唇线

   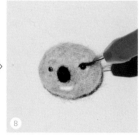

将少量白色羊毛归拢起来，戳刺到鼻子的下方。

用锥子在头上扎2个眼儿，插入直径3mm的插入式眼睛（请参照p.41步骤④~⑦）。

用灰色羊毛制作眼睑（请参照p.41步骤⑧、⑨）。

将黑色羊毛戳刺到插入式眼睛的周围（眼线）。

● 制作身体　　● 制作腿

  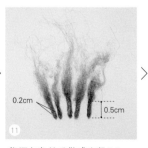 

在鼻子下面用黑色羊毛嵌入唇线。

用常规戳针（2头针）将针刺棉（3g）戳刺成身体（请参照纸样）。

将深灰色羊毛做成直径0.2cm、长0.5cm的脚趾。共做20根。

将步骤⑪中的5根脚趾排列起来，用深灰色羊毛卷起来进行戳刺。使其左右对称各制作2个（请参照纸样/前腿A、后腿A）。

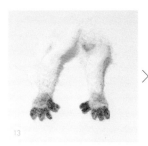   

将针刺棉（各0.2g）卷到步骤⑫的羊毛上，做成前腿（请参照纸样/前腿B）。

将针刺棉（各0.5g）卷到步骤⑫的羊毛上，做成后腿（请参照纸样/后腿B）。

将头和腿装到身体上。

将针刺棉戳刺到大腿根部和屁股上，使其显得肌肉丰满。

● **制作耳朵**

  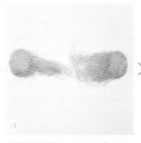 

从侧面看到的样子。

用抛光针（3头针）按照图中序号着色。

①白色
②灰色

用常规戳针（2头针）将灰色羊毛戳刺成耳朵（请参照纸样）。中间戳刺上一层浅粉色羊毛。

将耳朵安装到头上。

45

在耳朵根处用白色羊毛植毛（请参照p.48、p.49步骤⑮～⑲）。

PATTERN 与实物等大的纸样

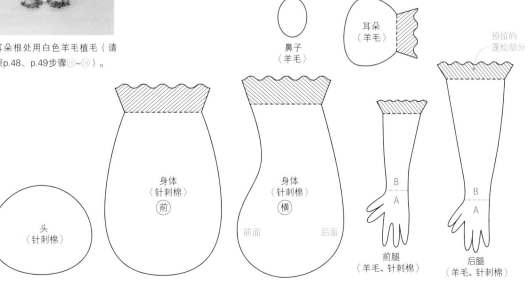

鼻子
〈羊毛〉

耳朵
〈羊毛〉

预留的
蓬松部分

身体
〈针刺棉〉
（前）

身体
〈针刺棉〉
（横）

前面　　　后面

头
〈针刺棉〉

B
A

前腿
〈羊毛、针刺棉〉

B
A

后腿
〈羊毛、针刺棉〉

● 制作<考拉宝宝>的头、身体

① 用常规戳针（2头针），以纸样为参考用针刺棉（0.2g）做成头的形状。

② 用针刺棉（0.8克）做成身体（请参照纸样）。

③ 连接头和身体。

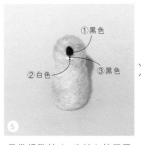

④ 用抛光针（3头针）将灰色的羊毛戳刺到全身。用常规戳针（2头针）将灰色羊毛轻轻归拢后戳刺到鼻子的位置。

● 制作眼睛

①黑色
②白色
③黑色

⑤ 用常规戳针（1头针）按照图中序号着色。

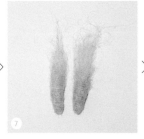

⑥ 用锥子在头上扎2个眼儿，插入直径2mm的插入式眼睛（请参照p.41步骤④~⑦）。在插入式眼睛周围加入眼线（请参照p.42步骤⑫）。

● 制作腿

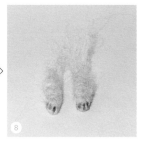

⑦ 用常规戳针（2头针）将灰色羊毛做成前腿（请参照纸样）。

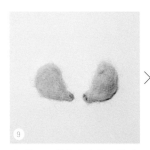

⑧ 用常规戳针（1头针）戳刺深灰色羊毛使之形成脚趾线。

⑨ 与前腿一样将灰色羊毛做成后腿（请参照纸样）。戳刺深灰色羊毛使之形成脚趾线。

⑩ 用常规戳针（2头针）将前腿和后腿安装到身体上。

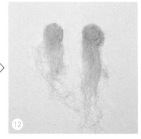

⑪ 从侧面看到的样子。

● 制作耳朵

⑫ 用灰色羊毛戳刺成耳朵（请参照纸样）。中间再戳刺上一层浅粉色羊毛。

⑬ 将耳朵安装到头上。

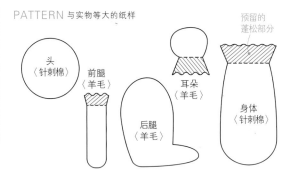

⑭ 将其放到考拉妈妈的背上，用常规戳针（2头针）将前腿和后腿轻轻戳刺到考拉妈妈身体上。

PATTERN 与实物等大的纸样

预留的蓬松部分

头〈针刺棉〉
前腿〈羊毛〉
耳朵〈羊毛〉
后腿〈羊毛〉
身体〈针刺棉〉

46

HEDGEHOG

刺猬　p.11

MATERIALS 材料

主体　　针刺棉 原白色〔310〕

羊毛　　硬羊毛 白色〔1〕、黑色〔9〕、淡粉色〔22〕、
　　　　深茶色〔31〕
　　　　自然混合羊毛 浅茶色〔803〕

其他　　刺猬用布料（德国碎马海毛/毛长
　　　　1cm/黑色、白色）
　　　　插入式眼睛（直径4mm）

TOOLS 工具

毡化戳针 1头针、3头针
毡化戳针 备用针<常规戳针>
毡化戳针用海绵垫
油性笔（黑色/极细型）
锥子
手工用剪刀
手缝针
手缝线
手工用黏合剂

● 制作头和身体

① 用常规戳针（2头针），以纸样为参考用针刺棉（10g）做成身体的形状。

② 用针刺棉（1g）做成头的形状（请参照纸样）。不用戳刺，轻轻地归拢到一起。

③ 将头和身体连接到一起。

● 缝上刺猬用布料

毛的方向

5.5cm

20.5cm

④ 将刺猬用布料剪成20.5cm×5.5cm。

PATTERN 与实物等大的纸样

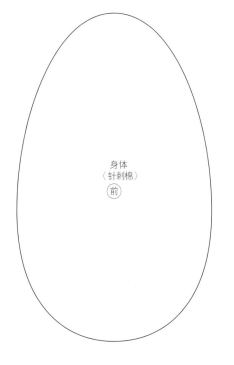

身体
〈针刺棉〉
（前）

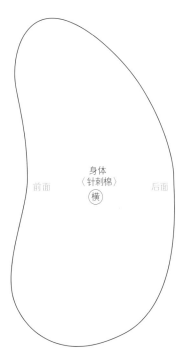

身体
〈针刺棉〉
（横）

前面　　　　　　后面

头
〈针刺棉〉

⑤ 为了使毛的方向指向脊背中间，要将布料缝到身体的侧面。

⑥ 沿着脊背圆圆的地方剪布料。

⑦ 缝合脊背中间部分。

毛的方向↑↑

⑧ 将布料剪成头顶的形状（请参照纸样）。

● 制作脸上的细节

⑨ 将步骤⑧的布料缝至头顶。

毛的方向↓↓

⑩ 将布料剪成脚底的形状（请参照纸样）。

⑪ 将步骤⑩的布料缝至身体下侧。

⑫ 用常规戳针（2头针），将浅茶色羊毛做成鼻子（请参照纸样）。

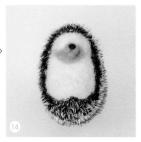

1.5cm

⑬ 将鼻子安在接缝下1.5cm处。用深茶色羊毛做成鼻尖（请参照纸样），安装到鼻子上。

⑭ 将浅茶色羊毛戳刺到鼻子周围并做成下巴（请参照纸样），安装到脸上。

● 鼻子两侧的部分和下巴的安装方法

〈从下面看到的样子〉

①做鼻子两侧的部分，并安装在鼻尖的下面。

②制作下巴，并安装在鼻子两侧的部分的下面。

● 用羊毛植毛

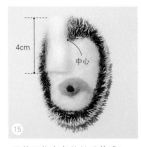

4cm

中心

⑮ 用剪刀将白色的羊毛剪成4cm的长度。剪好的羊毛的中心部位要放在刺猬用布料和针刺棉的交界处。

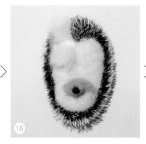

⑯ 用常规戳针（2头针），戳刺羊毛的中心部位（刺猬用布料和针刺棉的交界处）。

⑰ 将羊毛向布料的方向折叠，再次戳刺和步骤⑩同样的地方。

⑱ 稍微错开一点将羊毛摆放在刺猬上面，"戳刺中心部位，折叠后再戳刺"，如此反复戳刺，一直戳刺到脸部。

⑲ 用剪刀剪去多余部分进行修整。完成时使用发用牙剪剪的话，就会显得更加自然。

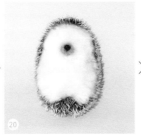

⑳ 脸部也采取同样的方法植毛，剪得比身体上的毛短一点。

㉑ 取少量深茶色的羊毛，用常规戳针（1头针）戳刺出唇线。

㉒ 用锥子在脸上扎2个眼儿，插入直径4mm的插入式眼睛（请参照p.41步骤④~⑦）。在插入式眼睛周围加入眼线（请参照p.42步骤⑫）。

● 制作耳朵　● 制作腿

㉓ 将浅茶色羊毛戳刺到鼻子两侧。

㉔ 用常规戳针（2头针）将浅茶色羊毛戳刺成耳朵（请参照纸样），并将其安装到头上。

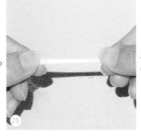

㉕ 取少量淡粉色的羊毛，抹上黏合剂。

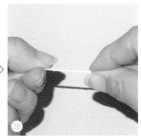

㉖ 用制作纸捻的要领来搓捻。

49

㉗ 制作2根，晾干黏合剂。

2 cm

㉘ 分别用剪刀剪成2等份。这就是脚趾。

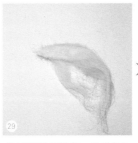

㉙ 将4根脚趾摆放好，分别卷上淡粉色的羊毛。

㉚ 用常规戳针（2头针）戳刺成腿（请参照纸样）。与其同样的腿制作4条。用剪刀修剪趾尖，整理形状。

㉛ 将腿安装到身体上。扒开植上去的毛，戳刺针刺棉部分。

PATTERN 与实物等大的纸样

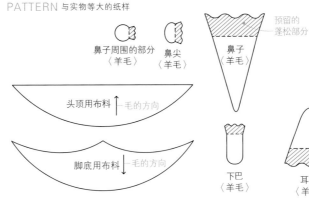

鼻子周围的部分〈羊毛〉　鼻尖〈羊毛〉　鼻子〈羊毛〉　预留的蓬松部分

头顶用布料 ↑毛的方向

脚底用布料 ↑毛的方向

下巴〈羊毛〉　耳朵〈羊毛〉　腿〈羊毛〉

DEER

鹿 p.13

MATERIALS 材料

主体	针刺棉 原白色（310）
羊毛	硬羊毛 白色（1）、黑色（9）、 深茶色（31）、茶色（41） 自然混合羊毛 黄土色（808）、茶色（809）、 深灰色（806）、米色（807）、浅茶色（803）
其他	插入式眼睛（直径3mm） 定型材料 钢丝（#24）

TOOLS 工具

毡化戳针 1头针、3头针
毡化戳针 备用针<常规戳针>、
　　<抛光针>
毡化戳针用海绵垫
油性笔（黑色/极细型）
锥子
手工用剪刀
手工用黏合剂
平嘴钳

● 制作头

① 用常规戳针（2头针），以纸样为参考用针刺棉（1g）做成头的形状。

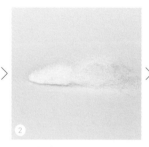

② 用针刺棉（0.3g）做成鼻子（请参照纸样）。

③ 将头和鼻子连接到一起。

④ 轻轻归拢针刺棉，将其戳刺到额头的位置。

50

● 制作头部细节

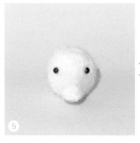

⑤ 用锥子在头上扎2个眼儿，插入直径3mm的插入式眼睛（请参照p.41步骤④~⑦）。

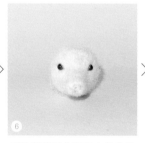

⑥ 用针刺棉制作眼睑（请参照p.41步骤⑧、⑨）。

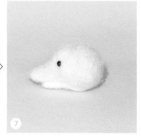

⑦ 用白色羊毛做成下巴（请参照纸样），并安装到头上。

⑧ 将黄土色和浅茶色羊毛混合到一起，用抛光针（3头针）戳刺到下巴以外的地方。

⑨ 用常规戳针（1头针）按照右图中的序号着色。

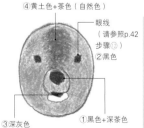

④黄土色+茶色（自然色）
眼线（请参照p.42步骤②）
②黑色
①黑色+深茶色
③深灰色

● 制作身体

⑩ 将定型材料剪成23cm长的2根。按照标识的位置画出记号。

8cm　5cm　10cm

⑪ 将2根材料对齐，将画出记号的5cm的部分扭转。

5cm　8cm　10cm

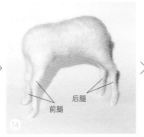

用常规戳针（2头针）将针刺棉（8g）以步骤⑩中的扭转部分为中心做成身体（请参照纸样）。

将针刺棉从身体上的腿根部开始，卷到定型材料的周围，做成前腿（请参照纸样）。最好在每个关节部位都进行戳刺。

采取同样的方法用针刺棉做成后腿（请参照纸样）。

用针刺棉（2g）做成脖子（请参照纸样）。

将脖子安装到步骤⑨中的头上。

将步骤⑭中的身体和脖子连接到一起。

将针刺棉戳刺到肚子、屁股、大腿根部和脖子处，使其显得肌肉丰满。

将黑色羊毛戳刺成趾甲（请参照纸样）。制作8个。

用常规戳针（1头针）在每只脚尖上安装2个趾甲。用抛光针（3头针）将米色羊毛戳刺到腿上。

PATTERN 与实物等大的纸样

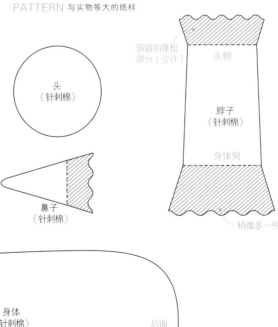

头〈针刺棉〉

预留的蓬松部分（少许）

头侧

脖子〈针刺棉〉

身体侧

鼻子〈针刺棉〉

稍微多一些

后腿〈针刺棉〉

前腿〈针刺棉〉

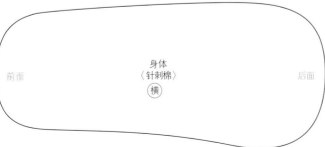

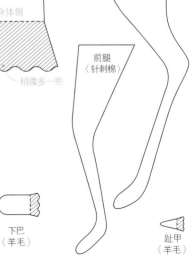

身体〈针刺棉〉（横）

前面

后面

下巴〈羊毛〉

趾甲〈羊毛〉

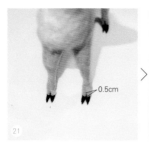

㉑ 取黑色羊毛少许，用常规戳针（1头针）从2个趾甲中间戳刺出一条0.5cm长的线。

㉒ 用抛光针（3头针）按照右图中的序号着色。

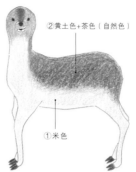

②黄土色+茶色（自然色）

①米色

㉓ 用常规戳针（1头针）按照序号着色。

● 制作耳朵

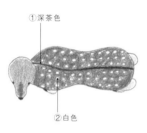

①深茶色

②白色

㉔ 用常规戳针（2头针）将黄土色羊毛做成耳朵（请参照纸样）。轻轻戳刺白色羊毛进行着色。

㉕ 将耳朵安装到头上。

● 制作屁股

②深茶色

①白色

㉖ 用白色和深茶色羊毛按照序号给屁股植毛（请参照p.48、p.49步骤⑯~⑲）。

52

3cm

㉗ 将白色羊毛剪成3cm的长度。戳刺上部的尖，进行加固。

㉘ 将步骤㉗中加固的一端安装到屁股上，这就是尾巴。

● 制作鹿角

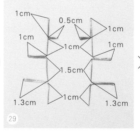

1cm　0.5cm　1cm
1cm　　　　　1cm
　　1cm　1cm
　　1.5cm
1.3cm　1cm　1.3cm

㉙ 将2根钢丝按照图中标识的尺寸折叠弯曲，做成鹿角形状。

㉚ 给钢丝抹上黏合剂，卷上茶色的硬羊毛。

㉛ 使之弯曲并调整形状。

㉜ 用常规戳针（2头针）将黄土色羊毛轻轻归拢，戳刺到鹿角的位置。

㉝ 用锥子在步骤㉜的鹿角位置上各扎1个眼儿，在钢丝头上抹上黏合剂，插进去。

PATTERN 与实物等大的纸样

耳朵
〈羊毛〉

预留的蓬松部分

POLAR BEAR

白熊 p.14

MATERIALS 材料

主体	针刺棉 原白色（310）
羊毛	硬羊毛 白色（1）、黑色（9）
	自然混合羊毛 灰色（805）、深灰色（806）
其他	插入式眼睛（直径2mm）

TOOLS 工具

毡化戳针 1头针、3头针
毡化戳针 备用针＜常规戳针＞、
　＜抛光针＞、＜粗针＞
毡化戳针用海绵垫
油性笔（黑色/极细型）
锥子
手工用剪刀
手工用黏合剂

● 制作＜白熊妈妈＞的头

用常规戳针（2头针），以纸样为参考用针刺棉（1g）做成头的形状。

用针刺棉（0.2g）做成鼻子（请参照纸样）。

将头和鼻子连接到一起。

用抛光针（3头针）将白色羊毛戳刺遍头部。在鼻子上戳刺灰色羊毛。

● 制作眼睛

 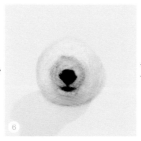  

用常规戳针（2头针）将白色羊毛做成下巴（请参照纸样），并将其戳刺到头上。

用常规戳针（1头针）将黑色羊毛戳刺到鼻子和嘴巴上。

用锥子在头上扎2个眼儿，插入直径2mm的插入式眼睛（请参照p.41步骤④～⑦）。

用白色羊毛制作眼睑（请参照p.41步骤⑧、⑨）。

在插入式眼睛周围加入眼线（请参照p.42步骤⑫）。

PATTERN 与实物等大的纸样

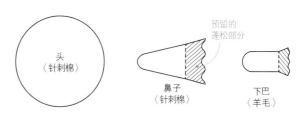

53

● 制作身体

10 用常规戳针（2头针）将针刺棉（15g）做成身体的形状（请参照纸样）。

11 把针刺棉（2g）戳刺到头部后侧。

12 将头和身体连接到一起。

● 制作腿

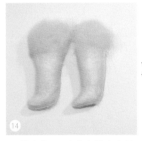

13 用常规戳针（2头针）将针刺棉（各1g）做成前腿（请参照纸样）。

14 用抛光针（3头针）将白色羊毛戳刺上去。

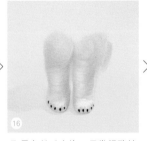

15 用粗针（1头针）戳刺出脚趾线。

16 取黑色羊毛少许，用常规戳针（1头针）戳刺出趾甲。

17 用常规戳针（2头针）将针刺棉（各2g）戳刺成后腿（请参照纸样）。

18 用抛光针（3头针）将白色羊毛戳刺上去。

19 与前腿做法一样，用粗针戳刺出脚趾线，用常规戳针戳刺出黑色趾甲。

20 用常规戳针（2头针）将腿和身体连接到一起。

21 将针刺棉戳刺到大腿根部、背部、肚子和屁股上，使其显得肌肉丰满。

22 这是从侧面看到的样子。

23 这是从上面看到的样子。

24 用抛光针（3头针）将白色羊毛戳刺到全身。

25 使用白色羊毛，用常规戳针（2头针）给下巴和腿的后侧植毛（请参照p.48、p.49步骤⑮～⑲）。

● 制作耳朵　　　　　● 制作尾巴

用白色羊毛制作耳朵（请参照纸样）。戳刺深灰色羊毛，给耳朵着色并安装到头上。

用白色羊毛制作尾巴（请参照纸样），并安上尾巴。

● 制作<白熊宝宝>的头

用常规戳针（2头针）将针刺棉（0.7g）戳刺成头的形状（请参照纸样）。

用针刺棉制作鼻子（请参照纸样）。

将头和鼻子连接到一起。

用抛光针（3头针）将白色羊毛戳刺到头上。

用常规戳针（2头针）将白色羊毛戳刺成下巴（请参照纸样），并安装到鼻子的下面。

PATTERN 与实物等大的纸样

● 白熊宝宝

● 白熊妈妈

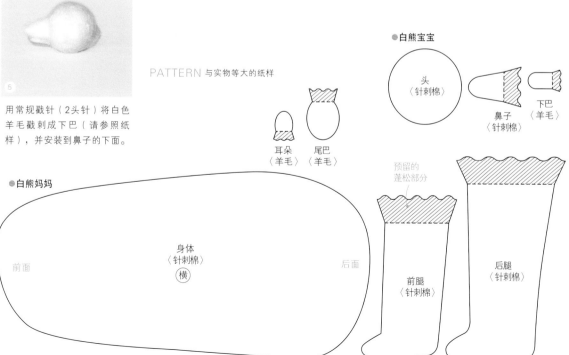

● 制作眼睛

⑥ 用常规戳针（1头针）按照图中序号着色。
①灰色
②黑色

⑦ 用锥子在头上扎2个眼儿，插入直径2mm的插入式眼睛（请参照p.41步骤④~⑦）。

⑧ 用白色羊毛制作眼睑（请参照p.41步骤⑧、⑨）。

⑨ 在插入式眼睛周围加入眼线（请参照p.42步骤⑫）。

● 制作身体

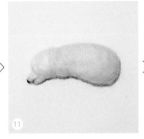

⑩ 用常规戳针（2头针）将针刺棉（3g）做成身体的形状（请参照纸样）。

⑪ 将头和身体连接到一起。

● 制作腿

⑫ 取针刺棉（各0.2g）做成前腿（请参照纸样）。

⑬ 取针刺棉（各0.3g）做成后腿（请参照纸样）。

56

⑭ 将腿和身体连接到一起。

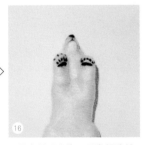

⑮ 用抛光针（3头针）将白色羊毛戳刺到全身。

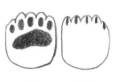

⑯ 取黑色羊毛少许，用常规戳针（1头针）戳刺出趾甲和肉垫的模样。

<背面>　<正面>

PATTERN 与实物等大的纸样

● 制作耳朵

⑰ 用常规戳针（2头针）将白色羊毛戳刺成耳朵（请参照纸样）。用深灰色羊毛着色。将其安装到头上。

● 制作尾巴

⑱ 用白色羊毛制作尾巴（请参照纸样）。将其安装到屁股上。

● 白熊宝宝

尾巴〈羊毛〉

耳朵〈羊毛〉

前腿〈针刺棉〉

后腿〈针刺棉〉

身体〈针刺棉〉

预留的蓬松部分

LONG-TAILED TIT

带条纹的长尾山雀 p.17

MATERIALS 材料

主体	针刺棉 原白色（310）
羊毛	硬羊毛 白色（1）、黑色（9）
	自然混合羊毛 深灰色（806）、茶色（809）
其他	插入式眼睛（直径2mm）
	钢丝（#30）

TOOLS 工具

毡化戳针 1头针、3头针
毡化戳针 备用针<常规戳针>、
　<抛光针>
毡化戳针用海绵垫
油性笔（黑色/极细型）
锥子
手工用剪刀
手工用黏合剂
平嘴钳

● 制作身体和嘴巴

● 制作眼睛

① 用常规戳针（2头针）将针刺棉（5g）参照纸样做成身体的形状。

② 用抛光针（3头针）将白色羊毛戳刺到全身。

③ 用常规戳针（2头针）将深灰色羊毛戳刺成山雀的嘴巴（请参照纸样）。在山雀的嘴巴尖上抹上黏合剂，使其变尖（请参照p.60步骤⑦），并安装到脸上。

④ 用锥子在头上扎2个眼儿，插入直径2mm的插入式眼睛（请参照p.41步骤④~⑦）。在插入式眼睛周围加入眼线（请参照p.42步骤⑫）。

57

● 制作尾羽和翅膀

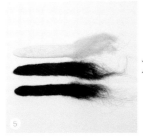   

⑤ 用常规戳针（2头针）将白色和黑色羊毛分别制作成白色和黑色尾羽（请参照纸样/白色1个、黑色2个）。

⑥ 将尾羽安装到身体上。

⑦ 用抛光针（3头针）将黑色羊毛戳刺到脊背上。

⑧ 用常规戳针（2头针）将白色羊毛制作成翅膀（请参照纸样）。用常规戳针（1头针）在翅膀上戳刺黑色羊毛，戳刺出花纹。

PATTERN 与实物等大的纸样

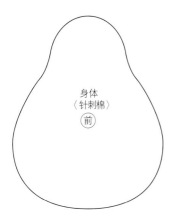

身体
〈针刺棉〉
前

身体
〈针刺棉〉
横

后面　　　　前面

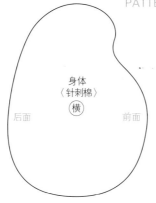

嘴巴
〈羊毛〉

翅膀
〈羊毛〉

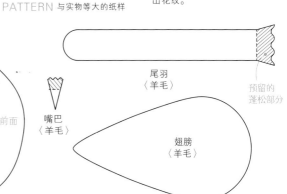

尾羽
〈羊毛〉

预留的
蓬松部分

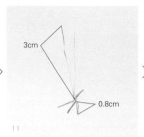

3cm

0.8cm

用常规戳针（2头针）把翅膀戳刺到身体上。

用常规戳针（1头针）在翅膀上戳刺茶色羊毛，戳刺出花纹。

将钢丝做成图中的形状。

分别用钳子拧转成图中的样子。

在钢丝上抹上黏合剂，再卷上黑色羊毛。

用锥子在身体上扎2个眼儿，给钢丝头上抹上黏合剂，插进去。

58

TARSIGER CYANURUS

红胁蓝尾鸲 p.17

MATERIALS 材料

主体　　针刺棉 原白色（310）
羊毛　　硬羊毛 白色（1）、黑色（9）、蓝绿色（39）、
　　　　黄色（35）、浅橘黄色（5）
　　　　自然混合羊毛 深灰色（806）
其他　　插入式眼睛（直径3mm）
　　　　钢丝（＃30）

TOOLS 工具

毡化戳针 1头针、3头针
毡化戳针 备用针<常规戳针>、
　　<抛光针>
毡化戳针用海绵垫
油性笔（黑色/极细型）
锥子
手工用剪刀
手工用黏合剂
平嘴钳

● 制作身体和嘴巴

用常规戳针（2头针）将针刺棉（5g）参照纸样做成身体的形状。

用抛光针（3头针）将白色羊毛戳刺到全身。用蓝绿色的羊毛戳刺出花纹。

从前面看到的样子。

将黄色和浅橘黄色羊毛混合到一起，戳刺到侧面。另一侧也采取同样的方法戳刺。

● 制作眼睛

5

用常规戳针（2头针）将黑色羊毛戳刺成红胁蓝尾鸲的嘴巴（请参照纸样）。在嘴巴尖上抹上黏合剂，使其变尖（请参照p.60步骤⑦），并安装到脸上。

6

用锥子在头上扎2个眼儿，插入直径3mm的插入式眼睛（请参照p.41步骤④~⑦）。在插入式眼睛周围加入眼线（请参照p.42步骤⑫）。

● 制作尾羽和翅膀

7

用常规戳针（1头针）按照右图中的序号着色。

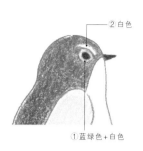

② 白色

① 蓝绿色+白色

8

从前面看到的样子。

9

用常规戳针（2头针）将蓝绿色羊毛制作成尾羽（请参照纸样）。

● 制作腿

10

将尾羽安装到身体上。

11

将蓝绿色羊毛制作成翅膀（请参照纸样）。用常规戳针（1头针）在翅膀上戳刺黑色羊毛，戳刺出花纹。

59

12

用常规戳针（2头针）把翅膀戳刺到身体上。

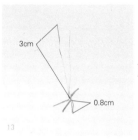

13

参照带条纹的长尾山雀的做法（请参照p.58步骤⑪、⑫），用钢丝制作出腿的形状。

3cm

0.8cm

14

在钢丝上抹上黏合剂，再卷上深灰色羊毛。

15

用锥子在身体上扎2个眼儿，给钢丝头上抹上黏合剂，插进去。

PATTERN 与实物等大的纸样

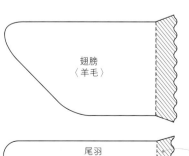

翅膀〈羊毛〉

嘴巴〈羊毛〉

尾羽〈羊毛〉

预留的蓬松部分

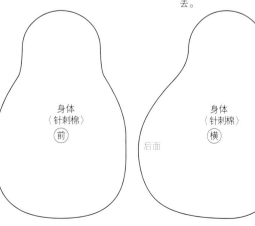

身体〈针刺棉〉前

后面

身体〈针刺棉〉横

前面

COCKATIEL

澳洲鹦鹉　p.17

MATERIALS 材料

主体	针刺棉 原白色（310）
羊毛	硬羊毛 黄色（35）、黑色（9）、浅粉色（36）、 浅橘黄色（5）、深红色（24）、浅黄色（21） 自然混合羊毛 深灰色（806）
其他	插入式眼睛（直径3mm） 钢丝（#30）

TOOLS 工具

毡化戳针 1头针、3头针
毡化戳针 备用针<常规戳针>、
　<粗针>、<抛光针>
毡化戳针用海绵垫
油性笔（黑色/极细型）
锥子
手工用剪刀
手工用黏合剂
平嘴钳

● 制作头和身体

  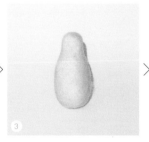 

1　用常规戳针（2头针）将针刺棉（1.5g）参照纸样做成头的形状。

2　用针刺棉（5g）做成身体的形状（请参照纸样）。

3　将头安装到身体上。

4　用抛光针（3头针）将黄色羊毛戳刺到头上。

● 制作嘴巴

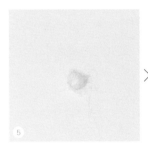 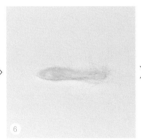  

5　将少量针刺棉团成球。

6　将浅粉色羊毛卷到步骤⑤的球上。

7　在步骤⑥的部件的尖上抹上黏合剂，用手指轻轻搓捻，使之变尖，做成嘴巴的上半部分（请参照纸样）。

8　嘴巴的下半部分也采取同样的方法制作（请参照纸样）。

● 制作眼睛和其他细节

9　用常规戳针（2头针）将嘴巴安装到脸上。

10　用常规戳针（1头针）按照图中序号着色。

①浅粉色　②深灰色

11　用锥子在头上扎2个眼儿，插入直径3mm的插入式眼睛（请参照p.41步骤④～⑦）。

12　用黄色羊毛制作眼睑（请参照p.41步骤⑧、⑨）。

● 制作尾羽和翅膀

眼线（请参照 p.42 步骤⑫）
①黑色　②浅橘黄色 +
深红色
③浅黄色

按照右图中的序号着色。

14 用常规戳针（2头针）将浅黄
色羊毛制作成尾羽（请参照纸
样）。

15 将尾羽安装到身体上。

16 用浅黄色羊毛制作成翅膀 A
（请参照纸样）。

17 将翅膀 A 安装到身体上。

18 用浅黄色羊毛制作成翅膀 B
（请参照纸样）。

19 将翅膀 B 安装到身体上。

PATTERN 与实物等大的纸样

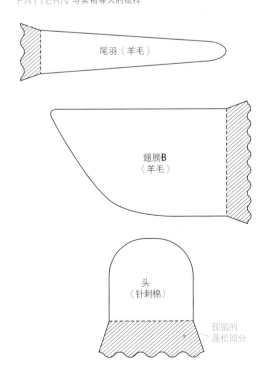

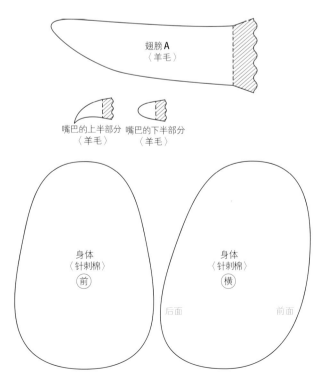

尾羽〈羊毛〉

翅膀 B
〈羊毛〉

头
〈针刺棉〉

预留的
蓬松部分

翅膀 A
〈羊毛〉

嘴巴的上半部分　嘴巴的下半部分
〈羊毛〉　　　　〈羊毛〉

身体
〈针刺棉〉
前

身体
〈针刺棉〉
横

后面　　　　　　　　　前面

用粗针（1头针）戳刺出凹坑，使之在翅膀上形成花纹。

用常规戳针（2头针）将黄色羊毛戳刺到头上植毛（请参照p.48、p.49步骤⑮～⑲）。

将少量针刺棉归拢起来，卷上浅黄色羊毛。

将步骤㉒的部件安装到身体上腿的位置。

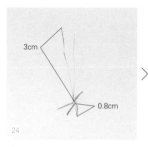

将钢丝做成图中的形状。

分别用钳子拧成图中的样子。

在钢丝上抹上黏合剂，卷上浅粉色羊毛。

用锥子在腿上扎2个眼儿，在钢丝头上抹上黏合剂，插进去。

62

LION
狮子 p.19

MATERIALS 材料

主体	针刺棉 原白色（310）
羊毛	硬羊毛 白色（1）、黑色（9）、深茶色（31）
	自然混合羊毛 浅茶色（803）、米色（807）、
	黄土色（808）、茶色（809）、深灰色（806）
其他	缝纫机线（透明）

TOOLS 工具

毡化戳针 1头针、3头针
毡化戳针 备用针<常规戳针>、
　　　　<抛光针>
毡化戳针用海绵垫
手工用剪刀
手工用黏合剂
手缝针

● 制作头

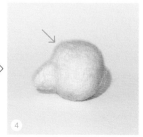

用常规戳针（2头针）将针刺棉（1.5g）参照纸样做成头的形状。

用针刺棉（0.3g）做成鼻子（请参照纸样）。

将头和鼻子连接到一起。

将针刺棉（0.2g）轻轻归拢，戳刺成额头。

5
将米色、浅茶色、黄土色的羊毛以5∶1∶1的比例混合（羊毛☆），用抛光针（3头针）将其戳刺到头上。

6
用常规戳针（2头针）将羊毛☆轻轻归拢起来，戳刺到鼻子上。

7
从前面看到的样子。

8
将等量的白色、米色羊毛混合到一起，做成2个直径0.7cm的小圆球，并将其戳刺到鼻子的下面。

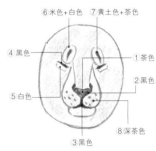

9
用羊毛☆做出下巴（请参照纸样），并戳刺到步骤⑧的小圆球下面。

10
轻轻归拢羊毛☆，并将其戳刺到眼睛的位置。

11
用常规戳针（1头针）按照右图中的序号着色。

6 米色+白色　7 黄土色+茶色
4 黑色
1 茶色
2 黑色
5 白色
8 深茶色
3 黑色

63

● 制作身体

12
用常规戳针（2头针）戳刺白色羊毛，在下巴处植毛（请参照p.48、p.49步骤⑮~⑲）

13
用剪刀剪去多余部分整理形状。

14
用常规戳针（2头针）将针刺棉（7g）戳刺成身体的形状（请参照纸样）。

15
将身体和头连接起来。

● 制作腿

16
用羊毛☆制作脚趾（请参照纸样）。共制作5根。

PATTERN 与实物等大的纸样

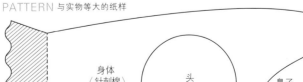

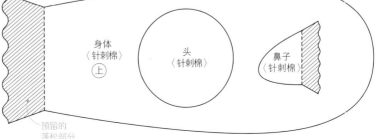

身体
〈针刺棉〉
〈上〉

头
〈针刺棉〉

鼻子
〈针刺棉〉

预留的
蓬松部分

脚趾
〈羊毛〉

下巴
〈羊毛〉

17

将5根脚趾摆放好，卷上羊毛☆后进行戳刺（请参照纸样/前腿A）。将羊毛☆团成直径0.8cm的圆球，戳刺成脚掌形状。

18

用常规戳针（1头针）戳刺出趾甲和肉垫的形状。共制作4个这样的部件。

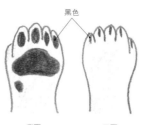

黑色

<背面>　<正面>

19

用常规戳针（2头针）将步骤⑱中的2个部件卷上针刺棉进行戳刺，制作成前腿（请参照纸样/前腿B）。

20

将步骤⑱中剩下的2个部件也卷上针刺棉进行戳刺，制作成后腿（请参照纸样）。每个关节处都要进行戳刺。

● 制作鬃毛

21

将腿连接到身体上。

22

在腿与身体的接缝处和肚子上戳刺针刺棉，使其变得自然且看起来肌肉丰满。

23

用抛光针（3头针）将羊毛☆戳刺到全身。

24

将同等分量的深茶色、黄土色、茶色羊毛剪成7cm的长度，混合到一起。

25

用常规戳针（2头针）在头的上半部植毛（请参照p.48、p.49步骤⑮~⑲）。

● 制作耳朵

26

将同等分量的浅茶色、黄土色羊毛剪成7cm的长度，混合到一起，在头的下半部植毛（请参照p.48、p.49步骤⑮~⑲）。

27

用剪刀剪去多余部分，调整形状。

28

将同等分量的黄土色、茶色羊毛混合到一起，做成耳朵（请参照纸样）。戳刺深灰色羊毛为其着色。

PATTERN 与实物等大的纸样

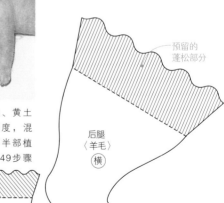

预留的蓬松部分

后腿〈羊毛〉（横）

前腿〈羊毛〉（前）

B
A

耳朵〈羊毛〉

29 将耳朵安装到头上。

30 用羊毛☆做成尾巴（请参照纸样）。用深茶色羊毛在尾巴尖上植毛（请参照p.48、p.49步骤⑮~⑲）。

31 将尾巴安装到屁股上。

32 将穿着透明缝纫机线的手缝针穿过鼻子。

PATTERN 与实物等大的纸样

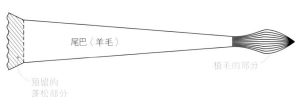

尾巴〈羊毛〉

预留的蓬松部分

植毛的部分

33 在缝纫机线上抹上黏合剂，拉另一侧的缝纫机线，进行固定。

34 用同样的方法穿上4根缝纫机线，两端分别留下1.3cm的长度后，剪去多余部分。

65

PADDYBIRD
文鸟 p.19

MATERIALS 材料

主体　　　针刺棉 原白色（310）
羊毛　　　硬羊毛 白色（1）、黑色（9）、淡粉色（22）、
　　　　　深红色（24）、浅粉色（36）

TOOLS 工具

毡化戳针 1头针、3头针
毡化戳针 备用针<常规戳针>、
　　<抛光针>
毡化戳针用海绵垫
手工用剪刀
手工用黏合剂

● 制作身体

PATTERN 与实物等大的纸样

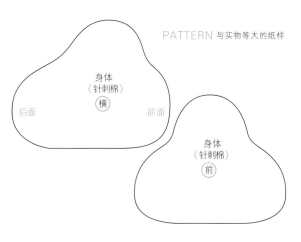

身体〈针刺棉〉横
后面　　　前面

身体〈针刺棉〉前

1 用常规戳针（2头针）将针刺棉（4g）参照纸样做成身体的形状。

2 用抛光针（3头针）将白色羊毛戳刺到全身。

● 制作嘴巴

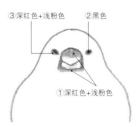

③深红色+浅粉色　②黑色

①深红色+浅粉色

3
用常规戳针（2头针）将淡粉色羊毛做成嘴巴的形状（请参照纸样）。

4
在嘴巴尖上抹上黏合剂，使其变尖（请参照p.60步骤⑦）。将上下2个部件对齐后安装到脸上。

5
用常规戳针（1头针）按照右图中的序号着色。

● 制作尾羽和翅膀

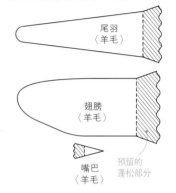

PATTERN 与实物等大的纸样

尾羽〈羊毛〉

翅膀〈羊毛〉

嘴巴〈羊毛〉

预留的蓬松部分

6
用常规戳针（2头针）将白色羊毛制作成尾羽（请参照纸样）。

7
用白色羊毛制作成翅膀（请参照纸样）。

8
按照尾羽、翅膀的顺序将其安装到身体上。

66

SHIBA INU
柴犬 p.19

MATERIALS 材料

主体	针刺棉 原白色（310）
羊毛	硬羊毛 白色（1）、黑色（9）
	自然混合羊毛 浅茶色（803）、黄土色（808）、
	茶色（809）、米色（807）、灰色（805）、
	深灰色（806）
其他	缝纫机线（透明）
	钢丝（#24）

TOOLS 工具

毡化戳针 1头针、3头针
毡化戳针 备用针<常规戳针>、
　　<粗针>、<抛光针>
毡化戳针用海绵垫
锥子
手工用剪刀
手工用黏合剂
平嘴钳

● 制作头和身体

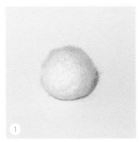

1
用常规戳针（2头针）将针刺棉（1.2g）参照纸样做成头的形状。

2
用针刺棉（0.2g）做成鼻子的形状（请参照纸样）。

3
将头和鼻子连接到一起。

4
用针刺棉（5g）做成身体的形状（请参照纸样）。

● 制作腿

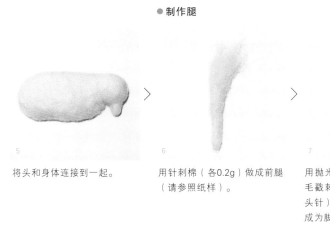

5
将头和身体连接到一起。

6
用针刺棉（各0.2g）做成前腿（请参照纸样）。

7
用抛光针（3头针）将白色羊毛戳刺到前腿上。用粗针（1头针）戳刺出线形凹坑，使之成为脚趾线。

8
取少许黑色羊毛，用常规戳针（1头针）戳刺到线形凹坑位置。

黑色

9
翻过来，戳刺出肉垫的样子。

10
用常规戳针（2头针）将针刺棉（各0.5g）做成后腿的形状（请参照纸样）。

11
与步骤⑦~⑨一样，用羊毛着色。

12
用常规戳针（2头针）将腿戳刺到身体上。

67

13
在颈围、胸围、大腿根部戳刺针刺棉，使其形状自然顺畅，又显得肌肉丰满（请参照纸样）。

PATTERN 与实物等大的纸样

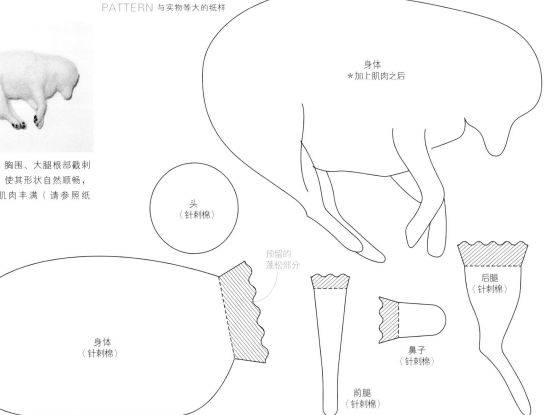

身体
*加上肌肉之后

头
〈针刺棉〉

预留的
蓬松部分

身体
〈针刺棉〉

鼻子
〈针刺棉〉

后腿
〈针刺棉〉

前腿
〈针刺棉〉

● 制作细节

取针刺棉少许，团成圆球，戳刺到眼睛的位置。

用抛光针（3头针）将白色羊毛戳刺到颈部和腹部。

将等量的浅茶色、黄土色、米色羊毛混合到一起，戳刺到头上，并戳刺出花纹。

用常规戳针（2头针）将白色羊毛制作成下巴（请参照纸样），并安装到嘴的下面。

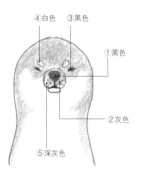

用常规戳针（1头针）按照右图中的序号着色。

④白色　③黑色
①黑色
②灰色
⑤深灰色

● 制作耳朵

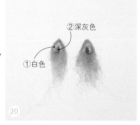

将等量的浅茶色、黄土色、茶色羊毛混合到一起，用抛光针（3头针）将其戳刺到背部。

②深灰色
①白色

将等量的浅茶色、黄土色、米色羊毛混合到一起，用常规戳针（2头针）戳刺出耳朵的形状（请参照纸样）。用常规戳针（1头针）按照图中序号着色。

● 制作尾巴

用常规戳针（2头针）将耳朵戳刺到头上。

10cm

4cm

将钢丝截成10cm的长度，把黄土色羊毛剪成4cm的长度。

5cm

将钢丝对折，夹住羊毛。

用钳子拧钢丝。

● 制作胡须

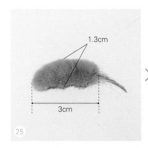

1.3cm

3cm

用剪刀剪去多余部分，调整形状。

用锥子在屁股上扎个眼儿，在钢丝上抹上黏合剂，插进去。

在脸上穿入4根缝纫机线（请参照p.65步骤㉜、㉝）。两端分别留下1cm的长度后，剪去多余部分。

PATTERN 与实物等大的纸样

下巴
〈羊毛〉

预留的蓬松部分

耳朵
〈羊毛〉

68

PENGUIN

企鹅 p.21

MATERIALS 材料

主体　　针刺棉　原白色（310）
羊毛　　硬羊毛　白色（1）、黑色（9）
　　　　自然混合羊毛　灰色（805）、深灰色（806）

TOOLS 工具

毡化戳针 1头针、3头针
毡化戳针 备用针<常规戳针>、
　　　<抛光针>
毡化戳针用海绵垫
手工用黏合剂
手工用剪刀

● 制作头和身体

1　用常规戳针（2头针）参照纸样将针刺棉（3.5g）做成身体的形状。

2　将针刺棉（0.2g）做成头的形状（请参照纸样）。

3　将头和身体连接到一起。

4　将针刺棉戳刺到腹部和胸部，使其显得肌肉丰满。

69

5　将等量的灰色、深灰色羊毛混合到一起，用抛光针（3头针）戳刺到前脸以外的地方。

②黑色　①白色

6　用常规戳针（1头针）按照图中序号给前脸着色。

7　在黑色的花纹后面戳刺上深灰色的羊毛。

8　用常规戳针（2头针）将黑色羊毛做成嘴巴的形状（请参照纸样）。在嘴巴尖上抹上黏合剂，使其变尖（请参照p.60步骤⑦）。

9　将嘴巴安装到脸上。

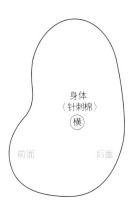

PATTERN 与实物等大的纸样

预留的蓬松部分

头〈针刺棉〉

身体〈针刺棉〉（前）

身体〈针刺棉〉（横）

前面　　后面

嘴巴〈羊毛〉

● 制作翅膀

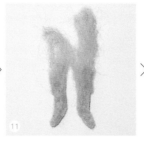

①黑色
②深灰色

用常规戳针（1头针）按照图中序号着色。

10

用常规戳针（2头针）将灰色羊毛做成翅膀的形状（请参照纸样）。

11

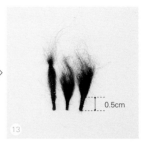

将翅膀安装到身体上。

12

● 制作腿

0.5cm

用黑色羊毛制作3根脚趾（请参照p.49步骤㉕~㉙）。

13

● 制作尾羽

将步骤⑬中的3根脚趾排列在一起，卷上黑色羊毛后，进行戳刺。制作2条腿（请参照纸样）。

14

将腿安装到身体上。

15

用黑色羊毛制作尾羽（请参照纸样），并安装到身体上。

16

PATTERN 与实物等大的纸样

预留的蓬松部分

腿〈羊毛〉

翅膀〈羊毛〉

尾羽〈羊毛〉

70

OTTER
水獭 p.22

MATERIALS 材料

主体	针刺棉 原白色（310）
羊毛	硬羊毛 白色（1）、黑色（9）、深茶色（31） 自然混合羊毛 灰茶色（804）
其他	缝纫机线（透明）

TOOLS 工具

毡化戳针1头针、3头针
毡化戳针 备用针<常规戳针>、
　　　　<抛光针>
毡化戳针用海绵垫
手工用剪刀
手缝针
手工用黏合剂

● 制作头和身体

用常规戳针（2头针）参照纸样将针刺棉（0.5g）做成头的形状。

1

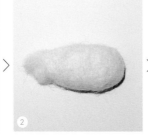

将针刺棉（2.5g）做成身体的形状（请参照纸样）。

2

将头和身体连接到一起。

3

用针刺棉做成鼻子的形状（请参照纸样），并安装到脸上。

4

● 制作腿和其他细节

5

取少量灰茶色羊毛，抹上黏合剂。用制作纸捻的要领，搓捻（参照p.49步骤㉓、㉖）。

6

晾干黏合剂，从中间剪开，制作20根。

7

将步骤⑥中的5根并排放到一起，卷上灰茶色羊毛后戳刺（请参照纸样/前腿A）。制作2条前腿。

8

给步骤⑦的部件卷上针刺棉后戳刺（请参照纸样/前腿B）。

9

采取与步骤⑦同样的方法制作后腿（请参照纸样/后腿A）。

10

给步骤⑨的部件卷上针刺棉后戳刺（请参照纸样/后腿B）。

11

将腿安装到身体上。

12

为了使身体的线条看起来自然流畅，要往身上戳刺针刺棉，使肌肉显得丰满。使肚子显得圆滚滚的。

71

13

用抛光针（3头针）在脸上戳刺白色羊毛。

14

在脸的上侧戳刺灰茶色羊毛。

15

取白色羊毛少许团成圆球，用常规戳针（2头针）戳刺到脸上。

PATTERN 与实物等大的纸样

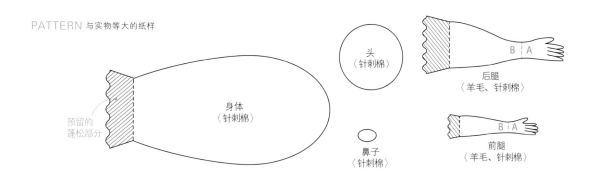

预留的蓬松部分

身体〈针刺棉〉

头〈针刺棉〉

鼻子〈针刺棉〉

后腿〈羊毛、针刺棉〉

前腿〈羊毛、针刺棉〉

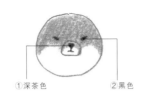

① 深茶色　　② 黑色

● 制作耳朵

16　用常规戳针（1头针）按照右图中的序号着色。

17　用抛光针（3头针）在身体上戳刺灰茶色羊毛。

18　用常规戳针（2头针）将灰茶色羊毛戳刺成耳朵的形状（请参照纸样），并安装到头上。

● 制作尾巴

● 制作胡须

19　用灰茶色羊毛制作尾巴（请参照纸样），并安装到屁股上。

20　把胡须安装到脸上（请参照p.65步骤㉝~㉞）。两端分别留下1cm的长度后剪去多余部分。

PATTERN 与实物等大的纸样

尾巴〈羊毛〉

耳朵〈羊毛〉

预留的蓬松部分

72 | PEN COVER
笔套　p.26

MATERIALS 材料

主体　针刺棉　原白色（310）
羊毛
〈虾夷松鼠〉硬羊毛 黑色（9）、深茶色（31）、浅橘黄色（5）
自然混合羊毛 灰茶色（804）、深灰色（806）
〈柴犬〉硬羊毛 黑色（9）、白色（1）、深红色（24）
自然混合羊毛 浅茶色（803）、深灰色（806）
〈小熊猫〉硬羊毛 黑色（9）、白色（1）、茶色（41）、青紫色（4）
自然混合羊毛 深灰色（806）、黄土色（808）、茶色（809）
〈猫〉硬羊毛 黑色（9）、白色（1）、

茶色（41）、淡粉色（22）、浅绿色（46）
自然混合羊毛 黄土色（808）
自然混合、蜡笔色调的羊毛 粉红色（833）
〈兔子〉硬羊毛 黑色（9）、白色（1）、淡粉色（22）、深粉色（2）
自然混合、蜡笔色调的羊毛 粉红色（833）

其他　钢丝（#24）、圆珠笔（直径8mm、长14.3cm）

TOOLS 工具

毡化戳针 1头针、3头针
毡化戳针 备用针＜常规戳针＞、＜抛光针＞
毡化戳针用海绵垫
锥子、手工用剪刀
手工用黏合剂
平嘴钳

● 制作笔套（通用）

1　将羊毛（1.5g）摊开成18cm×6cm的大小。用常规戳针（2头针）轻轻戳刺两面，戳刺成薄片状。

2　一边往笔上卷一边戳刺。

3　这是戳刺到变硬的样子。分别用指定颜色的羊毛制作。

〈颜色〉
虾夷松鼠：灰茶色（804）
柴犬：浅茶色（803）
小熊猫：黄土色（808）
猫：白色（1）
兔子：白色（1）

● 制作长围巾（通用）

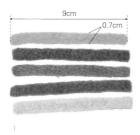

9cm
0.7cm

1

用常规戳针（2头针）将羊毛戳刺成0.7cm×9cm的薄片，并戳刺结实。分别使用指定颜色的羊毛制作，卷到动物的脖子上系牢。

〈颜色〉
虾夷松鼠：浅橘黄色（5）
柴犬：深红色（24）
小熊猫：青紫色（4）
猫：浅绿色（46）
兔子：深粉色（2）

● 虾夷松鼠

1

用常规戳针（2头针）将针刺棉（0.7g）参照纸样做成头的形状。用抛光针（3头针）将灰茶色羊毛戳刺到头上。

2

用常规戳针（2头针）将灰茶色羊毛戳刺成鼻子的形状（请参照纸样），并安装到脸上。

3

用常规戳针（1头针）按照右图中的序号着色。

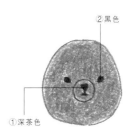

②黑色

①深茶色

4

用常规戳针（2头针）将灰茶色羊毛戳刺成耳朵的形状（请参照纸样）。用深灰色羊毛在耳朵上部植毛（请参照p.48、p.49步骤⑮～⑲）。

2cm
5.5cm

5

用钢丝（长12cm）夹住剪成5.5cm长的深灰色羊毛，制作尾巴（请参照p.68步骤㉒～㉕）。

6

将头安装到笔套（请参照p.72）上。用锥子在笔套上扎个眼儿，将尾巴用黏合剂粘上。把长围巾（请参照本页）系到脖子上。

● 柴犬

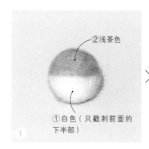

②浅茶色

①白色（只戳刺前面的下半部）

1

用常规戳针（2头针）将针刺棉（0.7g）参照纸样做成头的形状。用抛光针（3头针）按照序号着色。

2

用常规戳针（2头针）将白色羊毛戳刺成鼻子的形状（请参照纸样），并安装到脸上。将白色羊毛团成小球戳刺到鼻子的下面。

73

PATTERN 与实物等大的纸样

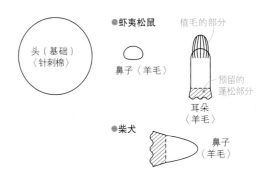

● 虾夷松鼠

植毛的部分

头（基础）〈针刺棉〉

鼻子〈羊毛〉

预留的蓬松部分

耳朵〈羊毛〉

● 柴犬

鼻子〈羊毛〉

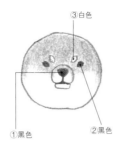

③白色

①黑色　②黑色

3

用常规戳针（1头针）按照右图中的序号着色。

①白色　②深灰色

4

用常规戳针（2头针）将浅茶色羊毛戳刺成耳朵（请参照纸样）。按照图中序号着色，并将其安装到头上。

5

用浅茶色羊毛制作尾巴（请参照纸样）。将头和尾巴安装到笔套（请参照p.72）上。将长围巾（请参照p.73）系到脖子上。

●小熊猫

1

用常规戳针（2头针）将针刺棉（0.7g）参照纸样做成头的形状。用抛光针（3头针）将黄土色羊毛戳刺到头上。

2

用常规戳针（2头针）将白色羊毛戳刺成鼻子的形状（请参照纸样），并安装到脸上。将白色羊毛团成小球戳刺到鼻子的下面。

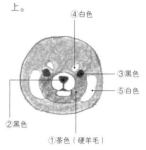

3

用常规戳针（1头针）按照右图中的序号着色。

④白色

③黑色

⑤白色

②黑色

①茶色（硬羊毛）

4

用常规戳针（2头针）将白色羊毛戳刺成耳朵的形状（请参照纸样）。再镶入深灰色羊毛，并安装到头上。

1.4cm

5cm

5

用钢丝（长12cm）夹住剪成5cm长的茶色羊毛（自然混合羊毛），制作尾巴（请参照p.68步骤㉒~㉕）。

6

用常规戳针（1头针）戳刺黑色羊毛植入花纹。

7

将头安装到笔套（请参照p.72）上。用锥子在笔套上扎个眼儿，给尾巴上抹上黏合剂粘上去。将长围巾（请参照p.73）系到脖子上。

●猫

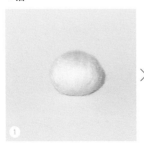

1

用常规戳针（2头针）将针刺棉（0.7g）参照纸样做成头的形状。用抛光针将白色羊毛戳刺到头上。

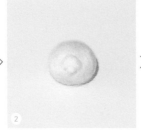

2

用常规戳针（2头针）将白色羊毛戳刺成鼻子的形状（请参照纸样），并安装到头上。将白色羊毛团成小球戳刺到鼻子的下面。

3

用常规戳针（1头针）按照右图中的序号着色。

⑤茶色

①黄土色

②粉红色

④黑色

③黑色

74

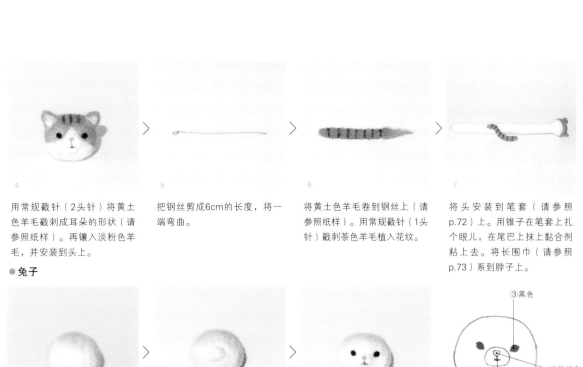

4
用常规戳针（2头针）将黄土色羊毛戳刺成耳朵的形状（请参照纸样）。再镶入淡粉色羊毛，并安装到头上。

5
把钢丝剪成6cm的长度，将一端弯曲。

6
将黄土色羊毛卷到钢丝上（请参照纸样）。用常规戳针（1头针）戳刺茶色羊毛植入花纹。

7
将头安装到笔套（请参照p.72）上。用锥子在笔套上扎个眼儿，在尾巴上抹上黏合剂粘上去。将长围巾（请参照p.73）系到脖子上。

● 兔子

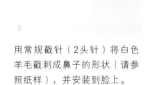

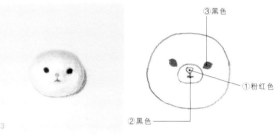

③黑色
①粉红色
②黑色

1
用常规戳针（2头针）将针刺棉（0.7g）参照纸样做成头的形状。用抛光针将白色羊毛戳刺到头上。

2
用常规戳针（2头针）将白色羊毛戳刺成鼻子的形状（请参照纸样），并安装到脸上。

3
用常规戳针（1头针）按照右图中的序号着色。

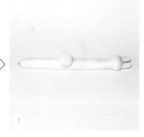

4
用常规戳针（2头针）将白色羊毛戳刺成耳朵的形状（请参照纸样）。再镶入淡粉色羊毛，并安装到头上。

5
将白色羊毛（0.6g）剪成5cm的长度，用常规戳针（2头针）戳刺中心部位。

6
用剪刀剪成圆球形状，做成兔子尾巴（请参照纸样）。

7
将头安装到笔套（请参照p.72）上。用常规戳针（2头针）将尾巴戳刺上去。将长围巾（请参照p.73）系到脖子上。

PATTERN 与实物等大的纸样

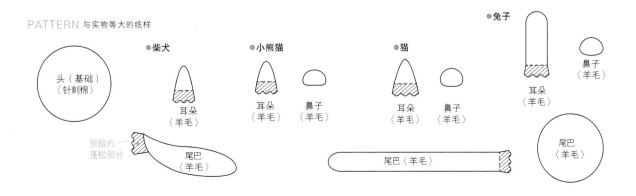

●兔子

头（基础）
〈针刺棉〉

●柴犬
耳朵〈羊毛〉

●小熊猫
耳朵〈羊毛〉
鼻子〈羊毛〉

●猫
耳朵〈羊毛〉
鼻子〈羊毛〉

耳朵〈羊毛〉

鼻子〈羊毛〉

预留的
蓬松部分
尾巴〈羊毛〉

尾巴〈羊毛〉

尾巴〈羊毛〉

GARDEN COVER

花盆套　p.28

MATERIALS 材料

主体	针刺棉 原白色（310）、黑色（315）
羊毛	〈熊猫〉 硬羊毛 白色（1）、黑色（9）、
	深红色（24）、浅黄色（21）、茶色（41）
	〈狐狸〉 硬羊毛 白色（1）、黑色（9）、黄色（35）
	自然混合羊毛 黄土色（808）
其他	薄毛毡布（粉红色/灰色）
	塑料杯（230mL）
	钢丝（＃24）
	缝纫机线（透明）※只用于狐狸
	25号刺绣线（白色）※只用于狐狸

TOOLS 工具

毡化戳针 1头针、3头针
毡化戳针 备用针＜常规戳针＞、
　＜抛光针＞
毡化戳针用海绵垫
油性笔（黑色/极细型）
手工用剪刀
锥子
手缝针
手缝线
平嘴钳
手工用黏合剂

● 制作花盆套（通用）

① 准备230mL的塑料杯。

② 从底部向上5.7cm处用剪刀剪开。放入土壤和植物。

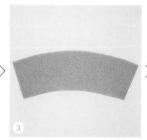

③ 按照纸样裁剪薄毛毡布。

④ 与塑料杯对齐后锁缝边缘。将动物缝到花盆套上，把塑料杯放入其中。

● 制作苹果和蝴蝶

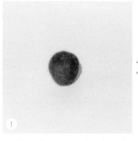

① 用常规戳针（2头针）将原白色针刺棉（0.1g）做成苹果形状（请参照纸样）。再用抛光针（3头针）将深红色羊毛戳刺到表面。

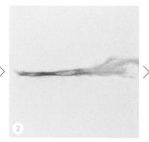

② 取浅黄色羊毛少许，抹上黏合剂后搓捻。再在其外部抹上黏合剂，卷上茶色羊毛。

③ 用常规戳针（1头针）将步骤②的部件戳刺到苹果上。留下0.6cm的长度后，剪去多余部分。

④ 用锥子在苹果的底部扎个眼儿，在剪成9cm长的钢丝的头上抹上黏合剂后插进去。

⑤ 用常规戳针（2头针）将黄色羊毛戳刺成蝴蝶形状（请参照纸样）。取3根白色刺绣线，打一个圆结。将手缝针从上面穿入羊毛，再次返回上面，打一个圆结。

⑥ 用锥子在蝴蝶背面扎个眼儿，采取与步骤④同样的方法插入钢丝。

PATTERN 与实物等大的纸样

蝴蝶
〈羊毛〉

苹果
〈针刺棉〉

〈熊猫〉

● 制作头和身体

用常规戳针（2头针）将原白色针刺棉（1g）参照纸样做成头的形状。

用原白色针刺棉（2g）做成身体的形状（请参照纸样）。

将头和身体连接到一起。

用原白色针刺棉做成鼻子的形状（请参照纸样），并安装到头的上部。

● 制作腿

用抛光针（3头针）将白色羊毛戳刺到头部。用常规戳针（2头针）将白色羊毛戳刺成下巴（请参照纸样），并安装到鼻子的下面。

②黑色 ①黑色

用常规戳针（1头针）按照图中序号着色。

用常规戳针（2头针）将黑色针刺棉（各0.2g）戳刺成前腿（请参照纸样）。

将黑色针刺棉（各0.2g）戳刺成后腿（请参照纸样）。

将腿安装到身体上。

PATTERN 与实物等大的纸样

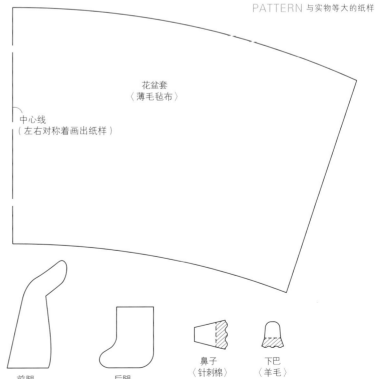

花盆套〈薄毛毡布〉

中心线（左右对称着画出纸样）

预留的蓬松部分

身体〈针刺棉〉

头〈针刺棉〉

前腿〈针刺棉〉

后腿〈针刺棉〉

鼻子〈针刺棉〉

下巴〈羊毛〉

10

在大腿的根部戳刺原白色的针刺棉，使其衔接自然，肌肉丰满。

11

用抛光针（3头针）在腿上戳刺黑色羊毛，在身体上戳刺白色羊毛。

12

用常规戳针（2头针）将黑色羊毛戳刺成耳朵的形状（请参照纸样），并安装到头上。

13

用白色羊毛制作尾巴（请参照纸样），并安装到屁股上。用粉红色薄毛毡布制作花盆套（请参照p.76），并将其缝合到一起。

〈狐狸〉
● 制作头和身体

1

用常规戳针（2头针）将原白色针刺棉（0.8g）参照纸样做成头的形状。用针刺棉（0.2g）做成鼻子的形状（请参照纸样）。将头和鼻子连接到一起。

2

用针刺棉（3g）做成身体的形状（请参照纸样）。

3

将头和身体连接到一起。安装时，使脸稍微向上一点。

4

用抛光针（3头针）将白色羊毛戳刺到鼻子上。

78

● 制作腿并植毛

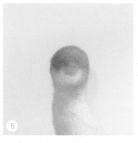

②黑色

①黑色

5

在头部戳刺黄土色羊毛。

6

用常规戳针（2头针）将白色羊毛戳刺成下巴（请参照纸样），并安装到鼻子的下面。

7

用常规戳针（1头针）按照图中序号着色。

8

用常规戳针（2头针）将原白色针刺棉（各0.3g）戳刺成前腿（请参照纸样）。

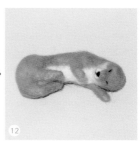

9

用原白色针刺棉（各0.3g）戳刺成后腿（请参照纸样）。

10

将腿安装到身体上。

11

将原白色针刺棉戳刺到大腿根部、腹部和屁股上，使其显得肌肉丰满。

12

用抛光针（3头针）将白色羊毛戳刺到腹部。将黄土色羊毛戳刺到身体的其他部位。

黑色

13
用常规戳针（1头针）将黑色羊毛戳刺在腿上，并戳刺出花纹。

14
用常规戳针（2头针）将黄土色和白色羊毛分别在脸侧面相同颜色的部分植毛（请参照p.48、p.49步骤⑮～⑲）。

15
用剪刀剪去多余部分，修整形状。

16
在胸口部位也用白色羊毛植毛，并用剪刀剪去多余部分，修整形状。

● 制作耳朵

● 制作尾巴

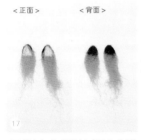

＜正面＞　　＜背面＞

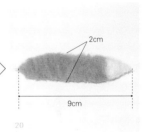

钢丝

2cm

5cm

10cm

17
用黄土色羊毛戳刺成耳朵的形状（请参照纸样）。正面用白色羊毛、背面用黑色羊毛分别着色。

18
将耳朵安装到头上。

19
将黄土色羊毛剪成10cm长。把剪成20cm长的钢丝对折后，夹住羊毛。

20
用钳子和手扭动钢丝，用剪刀剪去多余部分，修整形状。在尾巴尖上戳刺白色羊毛，用剪刀修整形状。

79

● 制作胡须

21
用锥子在屁股上扎个眼儿，在尾巴的钢丝头上抹上黏合剂后插入。

22
用油性笔将透明的缝纫机线涂黑，将3根穿到脸上（请参照p.65步骤㉜～㉞）。两端分别留下1cm后剪去多余部分。用灰色薄毛毡布制作花盆套（请参照p.76），并将其缝合到一起。

PATTERN 与实物等大的纸样

● 熊猫

尾巴
〈羊毛〉

耳朵
〈羊毛〉

● 狐狸

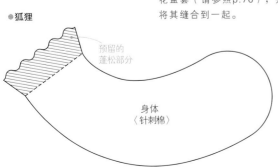

预留的蓬松部分

身体
〈针刺棉〉

下巴
〈羊毛〉

鼻子
〈针刺棉〉

耳朵
〈羊毛〉

头
〈针刺棉〉

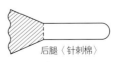

后腿〈针刺棉〉

前腿〈针刺棉〉

FABRIC PANEL

布艺展示板 p.29

MATERIALS 材料

羊毛	〈白熊〉 硬羊毛 白色（1）、黑色（9）、蓝色（4）、深茶色（31） 自然混合羊毛 深茶色（806） 〈灰熊〉 硬羊毛 白色（1）、黑色（9）、蓝色（4）、深茶色（31） 自然混合羊毛 米色（807）、灰茶色（804） 〈马来熊〉 硬羊毛 白色（1）、黑色（9）、蓝色（4）、深茶色（31） 自然混合羊毛 深灰色（806）、米色（807） 自然混合、蜡笔色调的羊毛 粉红色（833） 〈刺猬〉 硬羊毛 白色（1）、黑色（9）、蓝色（4）、深茶色（31）、淡粉色（22）

其他　自然混合羊毛 浅茶色（803）
布料（蓝色、绿色、黄色、白色/24cm×24cm）
木板（15cm×15cm×1.5cm）

TOOLS 工具

毡化戳针 1头针、3头针
毡化戳针 备用针<常规戳针>、
　<抛光针>
毡化戳针用刷子形垫板
手工用剪刀
钉子、铅笔

● 白熊

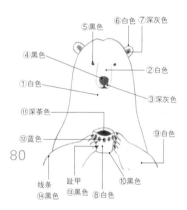

⑤黑色　⑥白色 ⑦深灰色
④黑色
②白色
①白色
③深灰色
⑪深茶色
⑫蓝色
⑨白色
线条
⑭黑色　趾甲 ⑬黑色 ⑧白色 ⑩黑色

80

① 将纸样的轮廓复制到薄纸上剪下来。把薄纸放到布料的中间位置（刺猬在下面），用铅笔描下来。把白色羊毛摊开，用抛光针（3头针）戳刺。

② 在超出轮廓线的部分，将羊毛折叠过去进行戳刺。

③ 用常规戳针（1头针）按照左侧图中②~⑨的顺序戳刺。②、⑧、⑨，在步骤②的白色羊毛上面再次戳刺白色羊毛。

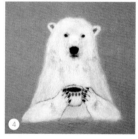

④ 按照⑩~⑬的顺序着色。⑭取少许黑色羊毛，做出腿和杯子的轮廓。

⑤ 准备木板（15cm×15cm×1.5cm）。

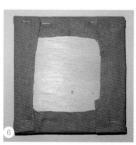

⑥ 使木板和图案的底边对齐后，用布料包住，再用钉子钉上。

PATTERN 与实物等大的纸样

白熊
〈羊毛〉

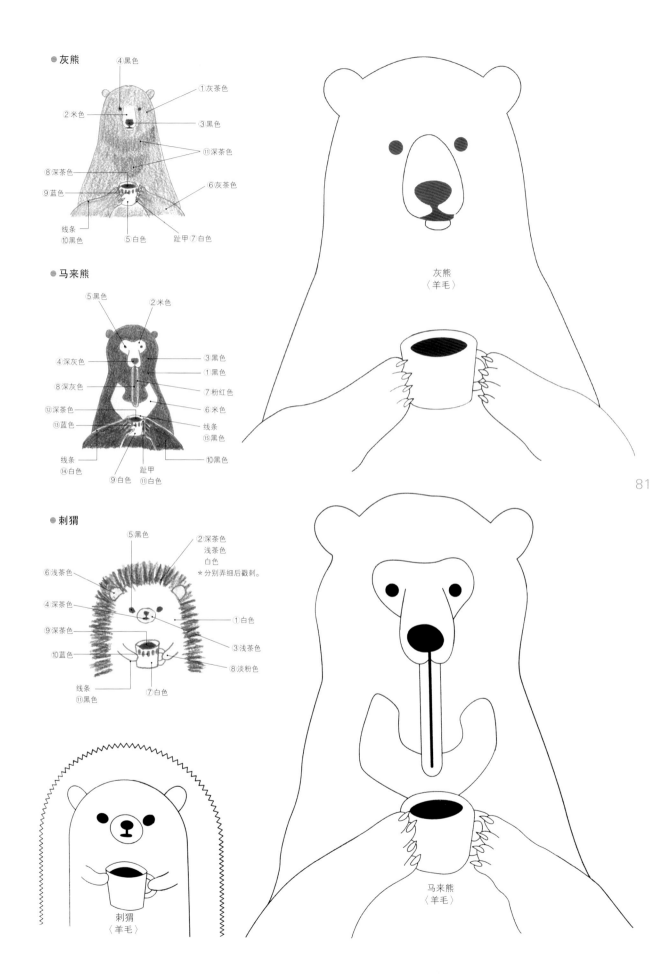

● 灰熊

④黑色
①灰茶色
②米色
③黑色
⑪深茶色
⑧深茶色
⑥灰茶色
⑨蓝色
线条
⑩黑色
⑤白色
趾甲 ⑦白色

灰熊
〈羊毛〉

● 马来熊

⑤黑色
②米色
④深灰色
③黑色
①黑色
⑧深灰色
⑦粉红色
⑫深茶色
⑥米色
⑬蓝色
线条
⑮黑色
线条
⑭白色
趾甲
⑩黑色
⑨白色
⑪白色

马来熊
〈羊毛〉

81

● 刺猬

⑤黑色
②深茶色
浅茶色
白色
＊分别弄细后戳刺。
⑥浅茶色
④深茶色
①白色
⑨深茶色
③浅茶色
⑩蓝色
⑧淡粉色
线条
⑪黑色
⑦白色

刺猬
〈羊毛〉

TRAY

小托盘　p.30

MATERIALS 材料

主体	针刺棉 原白色（310）
羊毛	〈海豚〉 硬羊毛 白色（1）、黑色（9）、淡蓝色（38）
	自然混合羊毛 灰色（805）
	〈海豹〉 硬羊毛 白色（1）、黑色（9）
	自然混合羊毛 深灰色（806）
	自然混合、果冻颜色的羊毛 浅蓝色（825）
	〈海獭〉 硬羊毛 黑色（9）、深茶色（31）
	自然混合羊毛 米色（807）
	自然混合、蜡笔色调的羊毛 蓝色（836）
其他	插入式眼睛（直径3mm）※只用于海豚
	缝纫机线（透明）※只用于海豹

TOOLS 工具

毡化戳针 1头针、3头针、5头针
毡化戳针 备用针<常规戳针>、
　<抛光针>
毡化戳针用刷子形垫板
油性笔（黑色/极细型）
锥子
手工用剪刀
手缝针
手工用黏合剂

● 制作小托盘（通用）

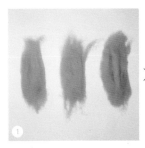

① 将羊毛（5g）分成3等份。

② 将3团羊毛分别薄薄地摊开。横向、纵向、横向，每层按照不同方向进行重叠。

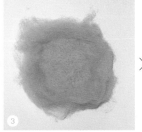

③ 放在刷子形垫板上，用常规戳针（5头针）戳刺中间位置。翻来覆去地戳刺几遍。

④ 将边沿的羊毛向里折叠，修整成圆形。

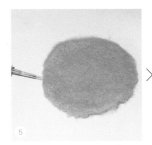

⑤ 用常规戳针（2头针）戳刺侧面。

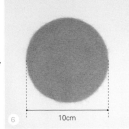

⑥ 修整成直径10cm的圆形。

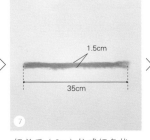

⑦ 把羊毛（2g）拉成细条状，戳刺成大约35cm×1.5cm的大小。只戳刺一个侧面并修整形状。

⑧ 将没有戳刺的那一个侧面戳刺到步骤⑥的部件上，使其连接到一起，做成小托盘的边缘。

● 制作海豚

① 用常规戳针（2头针）将针刺棉（3g）参照纸样做成头的形状。

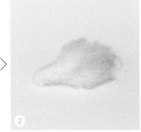

② 用针刺棉（0.2g）做成嘴巴的形状（请参照纸样）。

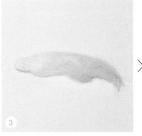

③ 用白色羊毛做成下巴的形状（请参照纸样）。

④ 把嘴巴和下巴安装到头上。

5

用锥子在头上扎2个眼儿，插入直径3mm的插入式眼睛（请参照p.41步骤③～⑦）。

6

用抛光针（3头针）按照图中序号着色。在插入式眼睛周围戳刺出眼线（请参照p.42步骤⑫）。

7

用淡蓝色羊毛制作小托盘（请参照p.82）。用常规戳刺针（2头针）将步骤⑥的部件戳刺到小托盘上。再用灰色羊毛做2只鳍肢。

PATTERN 与实物等大的纸样

● 海豚

头
〈针刺棉〉
横
前面　后面

嘴巴
〈针刺棉〉

下巴
〈羊毛〉

预留的蓬松部分

● 海豹

鼻子
〈针刺棉〉

头
〈针刺棉〉

83

● 制作海豹

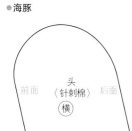

1

用常规戳针（2头针）将针刺棉（2g）参照纸样做成头的形状。

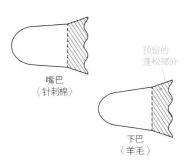

2

用针刺棉（少许）做成鼻子（请参照纸样），并安装到脸上。

3

用抛光针（3头针）将白色羊毛戳刺到头上。

4

用常规戳针（2头针）将少许白色羊毛团成圆球状，戳刺到鼻子的下面。

5

用常规戳针（1头针）按照右图中的序号着色。

③黑色
④深灰色
①深灰色
②黑色

6

用浅蓝色羊毛制作小托盘（请参照p.82）。用常规戳刺针（2头针）将步骤⑤的部件戳刺到小托盘上。将白色的羊毛薄薄地摊开，戳刺到海豹的周围。用油性笔把透明的缝纫机线涂黑，在海豹脸上穿入4根胡须（请参照p.65步骤㉒～㉔）。胡须两端分别留下1cm的长度后，剪去多余部分。

＊海豹的与实物等大的纸样在上面。

● 海獭

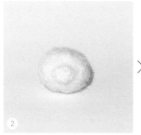
1
用常规戳针（2头针）将针刺棉（0.7g）参照纸样做成头的形状。

2
用针刺棉（少许）做成鼻子（请参照纸样），并安装到脸上。

3
用抛光针（3头针）将米色羊毛戳刺到头上。

4
用常规戳针（2头针）将少许米色羊毛团成圆球，戳刺到鼻子的下面。

84

5
用常规戳针（1头针）按照右图中的序号着色。

②黑色

①黑色

6
用常规戳针（2头针）将少许深茶色羊毛团成圆球做成耳朵，并安装到头上。

7
用针刺棉（0.7g）做成身体（请参照纸样）。不进行戳刺，轻轻归拢起来。

8
用蓝色羊毛制作小托盘（请参照p.82）。将身体安装到小托盘上。

9
将步骤⑥的头安装到身体上。

10
用抛光针（3头针）将深茶色羊毛戳刺到身体上。

11
用常规戳针（2头针）将深茶色羊毛戳刺成前腿（请参照纸样）。

12
用常规戳针（2头针）将深茶色羊毛戳刺成后腿（请参照纸样）。

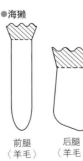
13
将腿安装到身体和小托盘上。

PATTERN 与实物等大的纸样

● 海獭

预留的蓬松部分

前腿〈羊毛〉　后腿〈羊毛〉　头〈针刺棉〉　鼻子〈针刺棉〉　身体〈针刺棉〉

BROOCH & MAGNET

饰针、冰箱贴　p.32、p.34

MATERIALS 材料（通用）

别针（2cm）
磁铁（直径6mm）

*请参照白熊的制作方法，完成其他各个作品。

TOOLS 工具

毡化戳针 1头针、3头针
毡化戳针 备用针＜常规戳针＞、＜抛光针＞、＜粗针＞
毡化戳针用刷子形垫板
油性笔（黑色/极细型）
手工用剪刀
手缝针
手工用黏合剂

● 白熊

MATERIALS 材料

主体
　针刺棉
　原白色（310）
羊毛
　硬羊毛
　白色（1）、黑色（9）
　自然混合羊毛
　灰色（805）、深灰色（806）

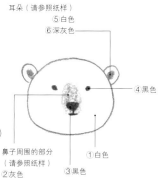

耳朵（请参照纸样）
⑤白色
⑥深灰色
④黑色
①白色
③黑色
②灰色
鼻子周围的部分
（请参照纸样）

1
用常规戳针（2头针）将针刺棉（0.5g）参照纸样做成头的形状。用抛光针（3头针）在外表戳刺一层白色羊毛。

2
用常规戳针（2头针）把灰色羊毛戳刺成鼻子周围的部分（请参照纸样），并安装到头上。

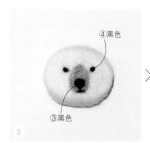
④黑色
③黑色

3
用常规戳针（1头针）按照图中序号（③、④）着色。

4
用常规戳针（2头针）将白色羊毛做成耳朵的形状（请参照纸样），中间镶入深灰色羊毛。将其安装到头上。

● 羊驼

MATERIALS 材料

主体
　针刺棉
　原白色（310）
羊毛
　硬羊毛 白色（1）、黑色（9）
其他
　有机棉

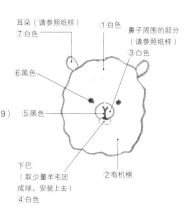

耳朵（请参照纸样）
⑦白色
①白色
鼻子周围的部分
（请参照纸样）
⑥黑色
③白色
⑤黑色
下巴
（取少量羊毛团
成球，安装上去）
④白色
②有机棉

85

● 三花猫

MATERIALS 材料

主体
　针刺棉
　原白色（310）
羊毛
　硬羊毛
　白色（1）、黑色（9）、淡粉色（22）
　自然混合羊毛
　黄土色（808）、深灰色（806）
　自然混合、蜡笔色调的羊毛
　粉红色（833）
其他
　缝纫机线（透明）

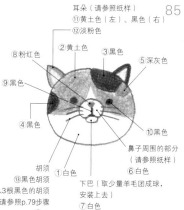

耳朵（请参照纸样）
⑪黄土色（左）、黑色（右）
⑫淡粉色
⑧粉红色
②黄土色
③黑色
⑤深灰色
⑨黑色
④黑色
①白色
⑩黑色
鼻子周围的部分
（请参照纸样）
⑥白色
胡须
⑬黑色胡须
穿入3根黑色的胡须
（请参照p.79步骤㉒）
下巴（取少量羊毛团成球，
安装上去）
⑦白色

PATTERN 与实物等大的纸样

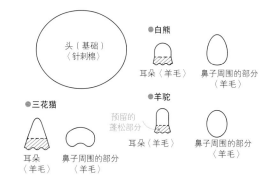

头（基础）
〈针刺棉〉

●白熊
耳朵〈羊毛〉
鼻子周围的部分
〈羊毛〉

●三花猫
耳朵
〈羊毛〉
鼻子周围的部分
〈羊毛〉

●羊驼
预留的
蓬松部分
耳朵〈羊毛〉
鼻子周围的部分
〈羊毛〉

● 金花鼠

MATERIALS 材料

主体
　针刺棉
　原白色（310）
羊毛
　硬羊毛
　黑色（9）、茶色（41）
　自然混合羊毛
　米色（807）

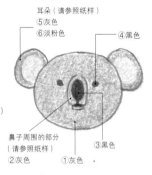

②茶色
⑦茶色
耳朵（请参照纸样）
⑧茶色
⑥黑色
①米色
⑤黑色
鼻子周围的部分
（请参照纸样）
③米色
④茶色

● 考拉

MATERIALS 材料

主体
　针刺棉
　原白色（310）
羊毛
　硬羊毛
　黑色（9）、淡粉色（22）
　自然混合羊毛
　灰色（805）

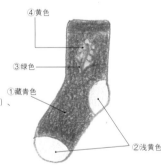

耳朵（请参照纸样）
⑤灰色
⑥淡粉色
④黑色
鼻子周围的部分
（请参照纸样）
②灰色
①灰色
③黑色

● 袜子

MATERIALS 材料

主体
　针刺棉
　原白色（310）
羊毛
　硬羊毛
　黄色（35）、绿色（40）、
　浅黄色（21）
　混合羊毛
　藏青色（214）

④黄色
③绿色
①藏青色
②浅黄色

● 咖啡杯

MATERIALS 材料

主体
　针刺棉
　原白色（310）
羊毛
　硬羊毛
　白色（1）、黑色（9）、
　深茶色（31）、青紫色（4）

②黑色＋深茶色
①白色
杯子把儿（请参照纸样）
④白色
③青紫色

● 马来熊

MATERIALS 材料

主体
　针刺棉
　黑色（315）
羊毛
　硬羊毛
　黑色（9）、深茶色（31）
　自然混合羊毛
　米色（807）
　自然混合、蜡笔色调的羊毛
　粉红色（833）
舌（请参照纸样）
⑤粉红色

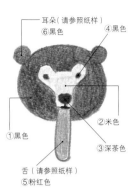

耳朵（请参照纸样）
⑥黑色
④黑色
①黑色
②米色
③深茶色

● 灰熊

MATERIALS 材料

主体
　针刺棉
　原白色（310）
羊毛
　硬羊毛　黑色（9）
　自然混合羊毛
　灰茶色（804）、米色（807）

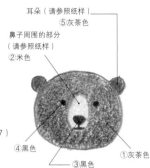

耳朵（请参照纸样）
⑤灰茶色
鼻子周围的部分
（请参照纸样）
②米色
④黑色
③黑色
①灰茶色

● 针织帽

MATERIALS 材料

主体
　针刺棉
　原白色（310）
羊毛
　硬羊毛
　黄色（35）、蓝绿色（39）
　自然混合羊毛
　灰色（805）、米色（807）
其他
　25号刺绣线（蓝色）

参照"绒球的制作方法"
②黄色
③蓝绿色
①灰色＋米色

● 绒球的制作方法

2cm

1.5cm

①把刺绣线合成6股，以
2cm 为直径来回绕30次。
再用1根新的刺绣线在中心
位置系紧打结。

②用剪刀剪开形成圆
圈的部分。

③用剪刀修整形状。将
打结的刺绣线穿到手缝
针上，再固定到别针上，
在其背面打结。

● 熊猫

MATERIALS 材料

主体
　针刺棉
　原白色（310）
羊毛
　硬羊毛
　白色（1）、黑色（9）

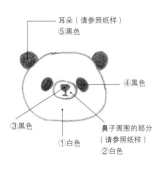

耳朵（请参照纸样）
⑤黑色
④黑色
③黑色
①白色
②白色
鼻子周围的部分
（请参照纸样）

● 博美犬

MATERIALS 材料

主体
针刺棉
原白色（310）
羊毛
硬羊毛
白色（1）、黑色（9）
自然混合羊毛
浅茶色（803）

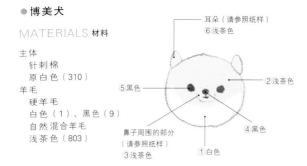

耳朵（请参照纸样）
⑥浅茶色
②浅茶色
⑤黑色
④黑色
鼻子周围的部分（请参照纸样）
③浅茶色
①白色

● 卷毛比熊犬

MATERIALS 材料

主体
针刺棉
原白色（310）
羊毛
硬羊毛
白色（1）、黑色（9）
自然混合羊毛
深灰色（806）
其他
有机棉

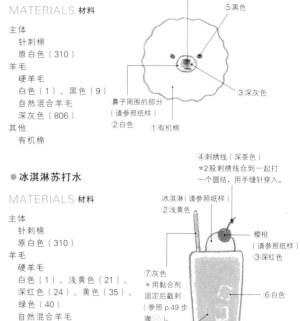

④黑色
⑤黑色
③深灰色
鼻子周围的部分（请参照纸样）
②白色
①有机棉

● 乳酪布丁

MATERIALS 材料

主体
针刺棉
原白色（310）
羊毛
硬羊毛
白色（1）、浅黄色（21）、
深茶色（31）、深红色（24）
其他
25号刺绣线（深茶色）

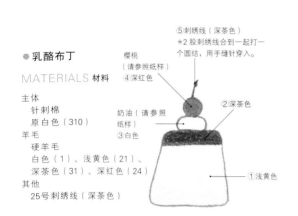

⑤刺绣线（深茶色）
*2股刺绣线合到一起打一个圆结。
樱桃（请参照纸样）
④深红色
②深茶色
奶油（请参照纸样）
③白色
①浅黄色

● 冰淇淋苏打水

MATERIALS 材料

主体
针刺棉
原白色（310）
羊毛
硬羊毛
白色（1）、浅黄色（21）、
深红色（24）、黄色（35）、
绿色（40）
自然混合羊毛
灰色（805）
其他
25号刺绣线（深茶色）

④刺绣线（深茶色）
*2股刺绣线合到一起打一个圆结，用手缝针穿入。
冰淇淋（请参照纸样）
②浅黄色
樱桃（请参照纸样）
③深红色
⑦灰色
*用黏合剂固定后戳刺（参照p.49步骤⑰）。
⑥白色
①白色
⑤黄色＋绿色

● 冰淇淋

MATERIALS 材料

主体
针刺棉
原白色（310）
羊毛
硬羊毛
黑色（9）、浅粉色（36）、
深红色（24）、深茶色（31）
自然混合羊毛
淡绿色（824）、黄土色（808）

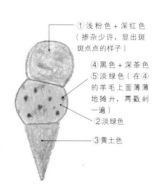

①浅粉色＋深红色（掺杂少许，显出斑斑点点的样子）
④黑色＋深茶色
⑤淡绿色（在④的羊毛上面薄薄地摊开，再戳刺一遍）
②淡绿色
③黄土色

● 做成胸针

1

用手缝线缝上别针（2cm）。

● 做成磁铁装饰

2

用粗针（1头针）戳刺出磁铁能够陷进去的尺寸（直径6mm）的凹坑。用黏合剂把磁铁（直径6mm）粘到作品上。

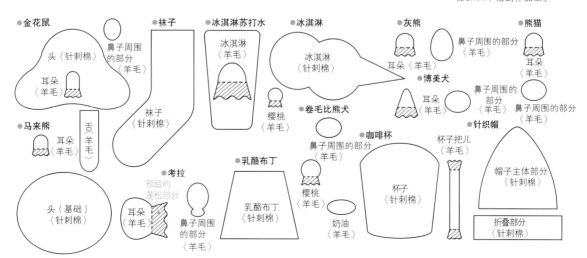

PATTERN 与实物等大的纸样

●金花鼠
头〈针刺棉〉
耳朵〈羊毛〉
鼻子周围的部分〈羊毛〉

●马来熊
耳朵〈羊毛〉
贡〈羊毛〉
头（基础）〈针刺棉〉

袜子
袜子〈针刺棉〉

●考拉
预留的蓬松部分
耳朵〈羊毛〉
鼻子周围的部分〈羊毛〉

冰淇淋苏打水
冰淇淋〈羊毛〉
樱桃〈羊毛〉

●乳酪布丁
乳酪布丁〈针刺棉〉
奶油〈羊毛〉

●冰淇淋
冰淇淋〈针刺棉〉

●卷毛比熊犬
鼻子周围的部分〈羊毛〉
樱桃〈羊毛〉

●咖啡杯
鼻子周围的部分〈羊毛〉
杯子〈针刺棉〉

●灰熊
耳朵〈羊毛〉

●博美犬
耳朵〈羊毛〉
鼻子周围的部分〈羊毛〉

杯子把儿〈羊毛〉

●熊猫
鼻子周围的部分〈羊毛〉
耳朵〈羊毛〉
鼻子周围的部分〈羊毛〉

●针织帽
帽子主体部分〈针刺棉〉
折叠部分〈针刺棉〉

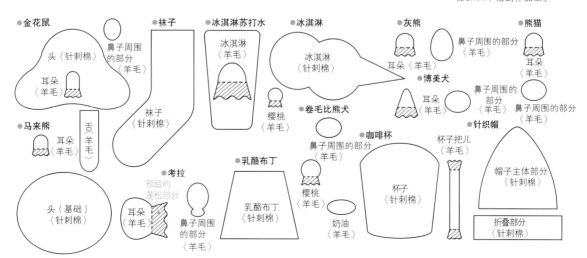

YOUMOU FELT DE TSUKURU DOUBUTSU TO ZAKKA NO ARU KURASHI（NV70479）

Copyright © Yuko Sakuda/NIHON VOGUE-SHA 2018 All rights reserved.

Photographers: YUKARI SHIRAI

Original Japanese edition published in Japan by NIHON VOGUE Corp.

Simplified Chinese translation rights arranged with BEIJING BAOKU INTERNATIONAL CULTURAL DEVELOPMENT Co., Ltd.

备案号：豫著许可备字-2018-A-0156

yucoco cafe
作田优子

毛毡手作家。从小受到擅长西式裁缝的母亲的影响，少年时期就对手工制作很感兴趣。从2015年开始参加羊毛毡作品的销售和出展活动，还通过SNS（社交网络服务）发布信息。

著作有《用羊毛毡制作的暖暖的动物和家庭咖啡屋》（日本宝库社）。在网络课"手工练习"（日本宝库社）中也颇受欢迎。

图书在版编目（CIP）数据

暖心羊毛毡小动物和小饰品制作 /（日）作田优子著；边冬梅译.—郑州：河南科学技术出版社，2024.4

ISBN 978-7-5725-1504-0

Ⅰ.①暖… Ⅱ.①作…②边… Ⅲ.①羊毛-毛毡-手工艺品-制作 Ⅳ.①TS973.5

中国国家版本馆CIP数据核字（2024）第078988号

出版发行：河南科学技术出版社
　　　　　地址：郑州市郑东新区祥盛街27号　　　邮编：450016
　　　　　电话：（0371）65737028　　65788613
　　　　　网址：www.hnstp.cn

策划编辑：仝广娜

责任编辑：葛鹏程

责任校对：王晓红

封面设计：张　伟

责任印制：徐海东

印　　刷：徐州绪权印刷有限公司

经　　销：全国新华书店

开　　本：787 mm×1 092 mm　1/16　　印张：5.5　　字数：150千字

版　　次：2024年4月第1版　　2024年4月第1次印刷

定　　价：59.00元

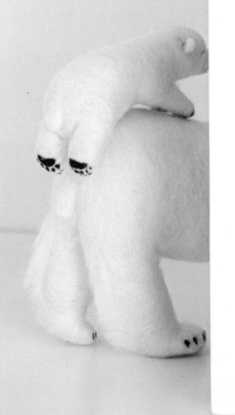

策划编辑　仝广娜
责任编辑　葛鹏程
责任校对　王晓红
封面设计　张　伟
责任印制　徐海东

中原出版
CENTRAL CHINA PUBLISH

河南科学技术出版社
抖音账号

河南科学技术出版社
天猫旗舰店

手工图书百花园
微信公众号

分类建议：生活/手工

ISBN 978-7-5725-1504-0

9 787572 515040 >

定价：59.00 元